数学ガールの秘密ノート

Mathematical Girls: The Secret Notebook (Combinatorics)

場合の数

結城 浩
Hiroshi Yuki

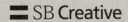

●ホームページのお知らせ

本書に関する最新情報は、以下の URL から入手することができます。

    http://www.hyuki.com/girl/

この URL は、著者が個人的に運営しているホームページの一部です。

Ⓒ 2016 本書の内容は著作権法上の保護を受けております。著者・発行者の許諾を得ず、無断で複製・複写することは禁じられております。

あなたへ

　この本では、ユーリ、テトラちゃん、ミルカさん、そして「僕」が数学トークを繰り広げます。

　彼女たちの話がよくわからなくても、数式の意味がよくわからなくても、先に進んでみてください。でも、彼女たちの言葉にはよく耳を傾けてね。

　そのとき、あなたも数学トークに加わることになるのですから。

登場人物紹介

「僕」
高校二年生、語り手。
数学、特に数式が好き。

ユーリ
中学二年生、「僕」の従妹(いとこ)。
栗色のポニーテール。論理的な思考が好き。

テトラちゃん
高校一年生、いつも張り切っている《元気少女》。
ショートカットで、大きな目がチャームポイント。

ミルカさん
高校二年生、数学が得意な《饒舌才媛(じょうぜつさいえん)》。
長い黒髪にメタルフレームの眼鏡。

瑞谷(みずたに)女史
「僕」の高校に勤務する司書の先生。

C O N T E N T S

あなたへ —— iii
プロローグ —— ix

第1章 レイジースーザンを責めないで —— 1

1.1 屋上にて —— 1
1.2 中華レストランの問題 —— 3
1.3 問題にもどって —— 13
1.4 似ている問題を知っているか —— 16
1.5 一般化 —— 20
1.6 ブレスレットの問題 —— 23
1.7 ミルカさん —— 27
1.8 放課後、図書室にて —— 30
1.9 別の考え方 —— 33
● 第1章の問題 —— 40

第2章 組み合わせで遊ぼう —— 43

2.1 宿題を終えて —— 43
2.2 一般化 —— 49
2.3 対称性 —— 55
2.4 最初と最後を見る —— 58
2.5 数を数える —— 59
2.6 パスカルの三角形 —— 62
2.7 公式を見つけよう —— 76
2.8 式を数える —— 82
● 第2章の問題 —— 89

第3章　ヴェン図のパターン —— 95

- 3.1 僕の部屋 —— 95
- 3.2 集合 —— 126
- 3.3 数を求める —— 129
- 3.4 数式で書く —— 134
- 3.5 文字と記号 —— 136
- ●第3章の問題 —— 153

第4章　あなたは誰と手をつなぐ？ —— 157

- 4.1 屋上にて —— 157
- 4.2 中華レストランの問題、再び —— 158
- 4.3 テトラちゃんが考えた道筋 —— 160
- 4.4 小さい数で試す —— 170
- 4.5 数列を考える —— 177
- 4.6 計算してみよう —— 192
- 4.7 式を整える —— 194
- ●第4章の問題 —— 200

第5章　地図を描く —— 205

- 5.1 屋上にて —— 205
- 5.2 テトラちゃんの話 —— 206
- 5.3 ポリアの問いかけ —— 210
- 5.4 対応を見つける —— 215
- 5.5 区別の有無 —— 219
- 5.6 重複の度合い —— 221
- 5.7 言い換えの妙 —— 222
- 5.8 図書室 —— 224
- ●第5章の問題 —— 258

エピローグ —— 261

解答 —— 267
もっと考えたいあなたのために —— 307
あとがき —— 319
索引 —— 322

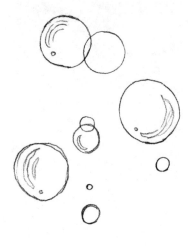

プロローグ

数えたいな。
──何を数えたい？
たくさんのもの、数えたい。
──どれだけたくさんのもの？
数え切れないほど、たくさんのもの。
──数え切れないのに数えたい？
数え切れないから、数えたい。

数えたいな。
──どうやって数える？
いくつかまとめて、数えるの。
──どうやってまとめる？
同じもの見つけて、まとめるの。
──どうやって見つける？
数えているうち、見つかるの。

私とあなたは同じ数。
──どちらも1人？
合わせて2人。握手をすれば、わかるはず。

第1章
レイジースーザンを責めないで

"一列に並んでいれば、数えやすい。"

1.1 屋上にて

テトラ「先輩！ こちらにいらしたんですね！」

僕「あ、テトラちゃん」

　ここは高校の屋上。いまはお昼休み。
　僕がパンを食べていると、後輩の**テトラちゃん**がやってきた。

テトラ「いい風ですね！ ご一緒してもいいですか？」

僕「もちろん、いいよ。僕を探してたの？」

テトラ「い、いえ……そういうわけでもないんですが、ふと通りかかったもので」

　彼女はそう言って、僕の隣に腰を下ろす。
　（どうして屋上をふと通りかかるんだろう——）
　僕はそんなことを考えながらパンをかじる。

僕「お昼は？」

テトラ「はい、もう済みました。……あの、先輩？ あたし、最近、よく思うことがあるんです」

僕「なに？」

テトラ「あのですね、『考える』ってどういうことなのか……」

僕「それはまた、根源的な問いだね」

テトラ「あ、ちがいます、ちがいます」

　テトラちゃんは、顔の前でぶんぶんと手を振る。

テトラ「そんな難しい話ではなくて、数学の問題を解くときの話なんです」

僕「というと？」

テトラ「あたしは……あたしなりには数学をがんばってるつもりなんです。でも、『こんなこと、思いつかない！』ということが勉強中によくあって」

僕「なるほど？」

テトラ「いったい、どうしたらこんな答えを思いつくのか、それがわからなくて。先輩はそんなことないですよね。何を、どう考えればいいんでしょうか」

僕「いやいや、テトラちゃん。『こんなこと、思いつかない！』ということは僕もよくあるよ」

テトラ「えっ、先輩でもそうなんですか！」

僕「そうそう。解けなくて問題集の解答を読むときって、2つの

パターンがあるよね。『これ、すごいなあ』と感心するときと、『こんなの思いつくわけない！』とムッと来るとき」

テトラ「そうなんですね」

僕「ムッと来るときっていうのは、問題のための問題というか——『こんなこと、他には応用できないよ』と思うときかな」

テトラ「えっと、あたしはまだまだそんな境地になれませんけど……たとえば、先輩はこの問題わかります？」

僕「どんな問題？」

1.2 中華レストランの問題

テトラ「先日、テレビで中華レストランの店内が映ったんです」

僕「うん」

テトラ「Lazy Susan が載っている丸テーブルがあって……」

僕「レイジースーザンって何？」

テトラ「丸テーブルの上でくるくる回る回転台です」

僕「へえ……レイジースーザンっていうんだ、あれ」

テトラ「丸テーブルの周りにお客さんが座りますよね」

僕「うん、そうだね。食事する人」

テトラ「丸テーブルが大きいと、隣に座った人とはよく話せるけれど、席が遠い人とはあまり話せないじゃないですか」

僕「うんうん」

テトラ「みんなと話すなら、ときどき席を変えたくなりますよね。それで、ふと思ったんですが、**たとえば、5人が丸テーブルに座るときの座り方って、全部で何通りあるのかな**……と」

問題1(中華レストランの問題)
5個の席が円形に配置されている丸テーブルがあり、そこに5人が座る。このとき、着席方法は全部で何通りか。

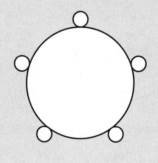

僕「なるほど。これはね」

テトラ「先輩! 待ってください!」

僕「え?」

テトラ「先輩! すぐ答え言わないでくださいよう」

僕「はいはい。テトラちゃんはどんなふうに考えたの?」

テトラ「5人を並べて、全部数えようと思ったんです」

僕「ほほう」

テトラちゃんはノートを取り出した。

テトラ「これです。でも途中で混乱してしまって……」

6 第1章 レイジースーザンを責めないで

テトラちゃんのノート

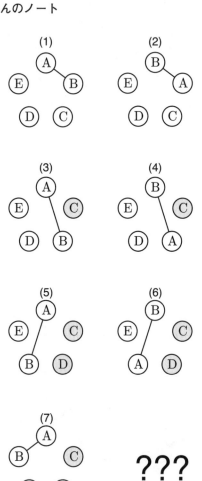

僕「なるほど。テトラちゃんは**がんばって数え上げよう**と思ったんだね。まあそれは大事な方法の一つだけど」

テトラ「はい」

僕「だけど、これは**どういう順序**で数え上げようとしたの？」

テトラ「あのですね。Aさん、Bさん、Cさん、Dさん、Eさんの5人が座るということにして、そのようすを描こうと思ったんです。まず、右回りにA,B,C,D,Eと座ります（1）」

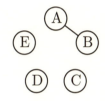

(1) 右回りに5人が座る

僕「うん。基本だね。AとBの間にある線は何？」

テトラ「はい、次にこの2人を入れ換えようと思ったんです。AさんとBさんの2人が逆になる座り方もありますよね。それが（2）です」

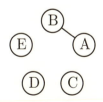

(2) AとBを入れ換える

僕「ああ……え？」

テトラ「それから、2人が隣り合うんじゃなくて、AさんとBさんの間にCさんがはさまることもあると思いました (3)」

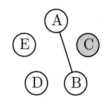

(3) AとBの間にCがはさまる

僕「うん、まあね……」

テトラ「そして、先ほどと同じように2人を入れ換えます (4)」

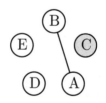

(4) AとBを入れ換える

僕「テトラちゃん……」

テトラ「次に、2人の間にCさんとDさんがはさまる場合を考えて (5)、そしてまた、2人を入れ換えます (6)」

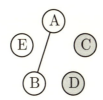

(5) AとBの間にCとDがはさまる

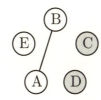

(6) AとBを入れ換える

僕「テトラちゃん、でも……」

テトラ「それでですね、A,Bの2人の間にC,D,Eの3人をはさんだところで、あたしは気付いてしまいました（7）」

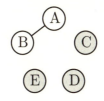

(7) AとBの間にC,D,Eがはさまる

僕「……」

テトラ「この並び方 (7) は、くるっと回してみると (2) と同じ座り方なんです！」

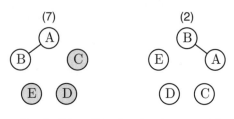

(7) と (2) は同じ座り方になってしまう

僕「そうなるよね。この数え方はまずいよね。**だぶって数えてしまうことになるから**」

テトラ「はい、そうなんです。まずいんです。AさんとBさんという2人にはさまれる人数を少しずつ増やしていけばいいと考えたんですが、**丸いテーブル**というのがトラップでしたっ！ **うっかりすると同じ座り方が出てきてしまうんですっ！**」

僕「その通りだね。人数を少しずつ増やすのはうまいと思うんだけど、だぶるのはまずいよね」

テトラ「ここで、あたし、困ってしまいました。こういうときには、何をどう考えたらいいんでしょう。どうしたら、数学の問題を確実に解くことができるんでしょう」

テトラちゃんは大きな目を開いて、僕をじっと見る。

僕「うーん……あのね、テトラちゃん。どんな数学の問題でも確実に解ける、万能の方法っていうのはないんだよ」

テトラ「あ、それは——それはそうですよね。すみません。でも、だとしたら、ものすごくたくさんの解法を暗記しなければなりませんよね。だって、数学の問題っていろんなバリエーションがあるじゃないですか。それなのに、その一つ一つの解き方を覚えるなんて……」

僕「うん、悩んじゃうよね。たった一つの方法で、数学の問題をすべて解くことはできない。でも、数学の問題を解く方法を全部暗記することもできない」

テトラ「そうです、そうです！ 万能の武器もなくて、たくさんの武器を全部そろえるわけにもいかない。としたら、いったいどうすればいいんでしょう？」

僕「ねえ、テトラちゃん。テトラちゃんのその考えは極端すぎるんじゃないかなあ。問題に対する解法を単純化しすぎてるよ。真実はその間にあると思うな」

テトラ「と、言いますと？」

僕「数学の問題を解くときっていうのは、暗記してた解法を使うだけじゃないんだよ。もちろん、記憶してることは使うけど、自分のこれまでの経験を総動員して解くんだ。問題を読み解いて、書かれていることを理解して、条件を整理して——そうやって、解答にたどり着くまで進むんだよ」

テトラ「む、難しいです……」

僕「確かに解法を暗記するのは大事。でも、それをどう使うか考えるのはもっと大事だよ。ポリアの『**いかにして問題をとく**

か』*という本にも、たくさんいい方法が書かれていたよね。その上に、自分がこれまで問題を解いてきた経験——うまくいった経験や失敗した経験を積み重ねていくしかないんだ。たとえば、僕はよくこんな《問いかけ》をするよ」

- 問題文をよく読もう
- 例を作ってみよう《例示は理解の試金石》
- 図を描いてみよう
- 表を作って整理しよう
- 名前を付けてみよう
- すべてを尽くしたか？ もれていないか？
- 似ている問題を知っているか
- 「こうだったらいいのになあ」ということはないか？
- 逆に考えてみたらどうだろう
- 多すぎるなら少なくして考えてみよう
- 極端に考えてみよう
- 問題文をもう一度よく読もう

テトラ「なるほどです……先輩がいまおっしゃった《問いかけ》というのは、**抽象的**ですが**具体的**ですよ。問題を直接解くことに比べたら抽象的ですけれど、自分に話しかけるところは具体的だと思いました」

テトラちゃんは素直にコクコクと頷きながら言った。

僕「確かに！ 問題に立ち向かうときには、こういう《問いかけ》が効くよ。**自問自答は考えるときに役立つ方法**なんだ」

---

* ポリア『いかにして問題をとくか』(丸善出版)

1.3 問題にもどって

テトラ「ところで、この中華レストランの問題の場合、先輩はどう考えていきますか？ あの……答え一発！ではなくて、解くための考え方、考えの進め方をお訊きしたいのですが」

問題1（中華レストランの問題）
5個の席が円形に配置されている丸テーブルがあり、そこに5人が座る。このとき、着席方法は全部で何通りか。

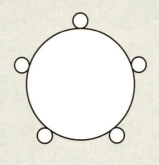

僕「うん。僕だったら、テトラちゃんと同じように《図を描く》と思うよ。5人が座っている図だよね。それから、テトラちゃんと同じように A,B,C,D,E って《名前を付ける》と思うな」

テトラ「あたしがやったのと同じように……」

僕「まあ、書き並べる順序はテトラちゃんとは違うかもしれない

けどね。そしていくつか書いているうちに、テトラちゃんと同じことに気付くと思う」

テトラ「あたしと同じこと……」

僕「つまりね、**ぐるぐる回ると同じ座り方が出てきてしまう**ということ。席が実際に回るわけじゃないけど、席の相対的な位置関係として同じ座り方が出てきてしまう。うん、**ぐるぐる回るから数えにくい**ということに気付くと思う」

テトラ「はい、そうですよね。数えにくいです」

僕「そこだよ。《こうだったらいいのになあ》が出てくるときだ」

テトラ「こうだったらいいのになあ……？」

僕「つまりね、《ぐるぐる回らなかったら、いいのになあ》というふうに思うんだね」

テトラ「なるほどです！ ……でも、実際には回ります」

僕「ぐるぐる回って困るのはなぜかというと、《違うパターン》だと思って数えていたのに、回してみたら《同じパターン》になることがあるからだね。だぶって数えてしまう」

テトラ「そうですね」

僕「《ぐるぐる回らなかったら、いいのになあ》——だったら、回らないようにしよう。それには、**誰か1人を固定してしまえばいい！**」

テトラ「あ!!」

僕「誰か1人を決めて固定すれば、ぐるぐる回せなくなる。つま

り、同じパターンをすでに数えたかどうか気にせずにすむ」

テトラ「誰か1人を《王様》にするってことですね!」

僕「あはは、そうだね。そうなる。1人を王様にして、固定して数えよう。《こうだったらいいのになあ》という問いをこれでうまく使ったことになる」

テトラ「なるほどです。《ぐるぐる回らなかったらいいのになあ》から《1人を王様として固定すればいい》に進むんですか……」

僕「テトラちゃんの描いた図では、上に来るのがAになったりBになったりふらふら変わっていたよね」

テトラ「はい。AさんとBさんを交換しようとしたので……」

僕「それをやめて、固定しちゃえば少し数えやすくなる」

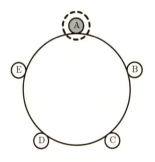

Aを固定して考えよう

1.4 似ている問題を知っているか

テトラ「なるほどです」

僕「それから《似ている問題を知っているか》という問いかけも使えそうだ」

テトラ「似ている問題?」

僕「僕たちはずっと、円形に人を並べることを考えていたよね。円形に人を並べる**場合の数**を考えていた」

テトラ「場合の数……そうですね」

僕「円形に並べる問題は知らないけれど、似ている問題は知っているよね。つまり、一列に並べる問題だ!」

テトラ「……」

僕「実際、よく考えてみると、1人を固定して右回りで考えるってことは、一列に並べるのと同じことだよね」

テトラ「あ、あれ……ということは、順列ですか?」

僕「そうなるね。円形に人を並べるのは順列として考えられるんだよ。一列に並べる順列は知ってるよね」

テトラ「ちょっと待ってください。でもそれじゃ、《円形に並ぶ》のと《一列に並ぶ》のが同じってことになりませんか」

僕「いや、ならないよ。だって、ほら、1人を固定しているから、実際に順序を入れ換えられる人数は1人減ってる」

テトラ「!!」

僕「円形に人を 5 人並べるというのは、A を固定しておいて、残りの 4 人を一列に並べることと同じなんだね」

A を固定して、残りの 4 人を一列に並べる

テトラ「ですね！」

僕「A を固定しておいて、右回りに誰を座らせるかを考えよう。A の次に座れるのは残っている 4 人の誰か。そのそれぞれに対して、次に座れるのは 3 人の誰か。そのそれぞれに対して、次に座れるのは 2 人の誰か。そして最後の席に座れるのは最後に残った 1 人」

テトラ「確かに、確かに、確かにそうです！」

僕「これでもう解けた。5 人を円形に並べる場合の数は、1 人を固定しておいて、残りの 4 人を一列に並べる場合の数、すなわち順列の数に等しい。それは $4! = 4 \times 3 \times 2 \times 1$ で計算できる。答えは 24 通りだね」

解答1（中華レストランの問題）

5個の席が円形に配置されている丸テーブルがあり、そこに5人が座る。このとき着席方法の数は、

$$4! = 4 \times 3 \times 2 \times 1 = 24$$

で計算でき、24通りある。
（1人を固定し、残り4人を一列に並べる順列として考える）

Ⓐ	Ⓑ→Ⓒ→Ⓓ→Ⓔ				Ⓐ	Ⓒ→Ⓑ→Ⓓ→Ⓔ		
Ⓐ	Ⓑ→Ⓒ→Ⓔ→Ⓓ				Ⓐ	Ⓒ→Ⓑ→Ⓔ→Ⓓ		
Ⓐ	Ⓑ→Ⓓ→Ⓒ→Ⓔ				Ⓐ	Ⓒ→Ⓓ→Ⓑ→Ⓔ		
Ⓐ	Ⓑ→Ⓓ→Ⓔ→Ⓒ				Ⓐ	Ⓒ→Ⓓ→Ⓔ→Ⓑ		
Ⓐ	Ⓑ→Ⓔ→Ⓒ→Ⓓ				Ⓐ	Ⓒ→Ⓔ→Ⓑ→Ⓓ		
Ⓐ	Ⓑ→Ⓔ→Ⓓ→Ⓒ				Ⓐ	Ⓒ→Ⓔ→Ⓓ→Ⓑ		
Ⓐ	Ⓓ→Ⓑ→Ⓒ→Ⓔ				Ⓐ	Ⓔ→Ⓑ→Ⓒ→Ⓓ		
Ⓐ	Ⓓ→Ⓑ→Ⓔ→Ⓒ				Ⓐ	Ⓔ→Ⓑ→Ⓓ→Ⓒ		
Ⓐ	Ⓓ→Ⓒ→Ⓑ→Ⓔ				Ⓐ	Ⓔ→Ⓒ→Ⓑ→Ⓓ		
Ⓐ	Ⓓ→Ⓒ→Ⓔ→Ⓑ				Ⓐ	Ⓔ→Ⓒ→Ⓓ→Ⓑ		
Ⓐ	Ⓓ→Ⓔ→Ⓑ→Ⓒ				Ⓐ	Ⓔ→Ⓓ→Ⓑ→Ⓒ		
Ⓐ	Ⓓ→Ⓔ→Ⓒ→Ⓑ				Ⓐ	Ⓔ→Ⓓ→Ⓒ→Ⓑ		

テトラ「え……先輩、この24通りの並べ方は？」

僕「ああ、ごめんごめん。頭の中で**樹形図**を描いていたんだよ」

テトラ「？」

僕「こういう図だね。樹形図を 4 個描いたわけだ」

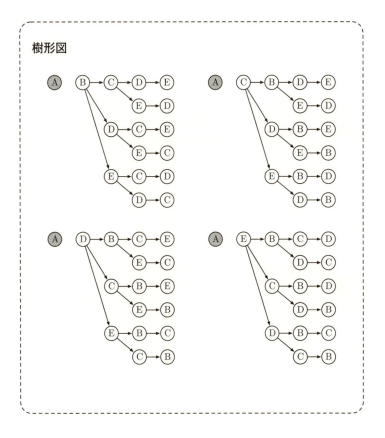

テトラ「ははあ……」

僕「《もれなく、だぶりなく》考えたいときに樹形図は便利だよね」

テトラ「そうですね」

1.5 一般化

僕「さて、テトラちゃん。ここまでじっくり考えたら、**一般化**することは簡単だよ」

テトラ「一般化といいますと」

僕「n 人を円形に並べる場合の数を求めるということ」

テトラ「n 人……あ、簡単です！ 同じように考えればいいんですから。n 人のうち **1 人を固定**して、残りの $n-1$ 人を一列に並べます！」

僕「そうだね」

テトラ「だから、$(n-1) \times (n-2) \times \cdots \times 2 \times 1$ 通りです！」

僕「うん、そうそう。$(n-1)!$ 通り。これが**円順列**の個数」

円順列の個数

n 人を円形に並べる場合の数は、

$$(n-1)!$$

通りある。

テトラ「円順列……名前があるんですね!」

僕「うん、最初に言おうと思ったんだけど、テトラちゃんに答えを封じられたから言えなかった」

テトラ「あ……すみません」

僕「この円順列、もう少し考えてみようか。あのね」

テトラ「先輩、ちょっとお待ちください。先に進む前に……」

僕「え?」

テトラ「先輩が先ほど説明してくださった、円順列の求め方をあたしなりにまとめたくて」

僕「なるほど」

テトラ「たくさんのことを一度にやるとごちゃごちゃしちゃうので……」

- n 人を円形に並べる場合の数を求めよう(円順列の数)。
- 《もれなく、だぶりなく》数える必要がある。
- 円形なのでぐるぐる回したときに同じ並び方になる。これではだぶって数えてしまう。
- 回らないように1人を《王様》にして固定しよう。
- そうすると、残りの $n-1$ 人を一列に並べる場合の数になる(順列の数)。

僕「これは、とてもいいまとめだね。これは円順列を順列に帰着させて求めたことになるよ、テトラちゃん」

テトラ「帰着……?」

僕「そうだよ。《円順列を求める方法》は知らなかった。でも、1人を固定すれば、自分が知っている《順列を求める方法》が使えた」

テトラ「そうですね」

僕「つまり、円順列という《知らない問題》を変形して、順列という《知っている問題》にして解いたことになる。この解き方は《円順列を順列に帰着させて求めた》といえるよね」

テトラ「なるほどです！」

僕「こういう解き方をするためには、自分の《知っている問題》をよく把握してないといけないけれどね」

テトラ「それは、自分の**武器**を知っているってことですね！」

僕「そうだね、その通り。自分がどんな武器を持っているのか知らなくちゃいけない。それを知っていれば、自分が解けない問題にぶつかっても、どういうところに持ち込めば問題が解けるかがわかるからね」

テトラ「はい！」

僕「ねえ、テトラちゃん。これで武器が一つ増えたことになるよ」

テトラ「はい？」

僕「円順列のことだよ。順列に帰着させて円順列は理解した。ということは、円順列もテトラちゃんの武器に加わった。わからない問題があっても、円順列に帰着させるという方法が使えることになった」

テトラ「確かに……」

僕「こんな問題はどう？」

1.6 ブレスレットの問題

問題2（ブレスレットの問題）
5個の異なる宝石を使って輪にし、ブレスレットを作る。何種類のブレスレットが作れるか。

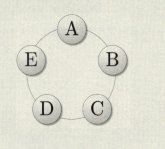

テトラ「ブレスレット……これも円形に並べるわけですよね。だったら、円順列を使って $(5-1)!$ 通りでしょうか。ええと、$4! = 4 \times 3 \times 2 \times 1 = 24$ で、24通り？」

僕「いや、そうはならないんだよ」

テトラ「……どうしてでしょう」

僕「丸テーブルに着席する 5 人の客と、ブレスレットの 5 個の宝石とでは大きな違いがあるから」

テトラ「……」

僕「丸テーブルは**裏返し**ができないけれど、ブレスレットは裏返しができるよね。だから、丸テーブルでは違うパターンが、ブレスレットでは同じパターンになってしまうわけだね」

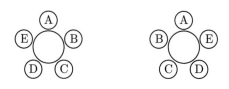

丸テーブルでは、違うパターン

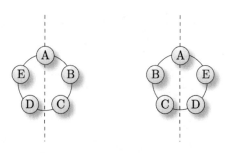

ブレスレットでは、同じパターン

テトラ「なるほど。ブレスレットを丸テーブルのように数えてはいけないんですね。だぶってしまいます！ 多すぎです！」

僕「どのくらい多くだぶるかというと、ちょうど 2 倍になるわけ

だね。ブレスレットを円順列の方法で計算してしまったら、《裏返したら同じ》になるパターンまで数えることになるから。だから、2 で割ればいい」

テトラ「はい！ ということは、ブレスレットは $(5-1)! \div 2 = 12$ 通りですね」

解答2（ブレスレットの問題）

5個の異なる宝石を使って輪にし、ブレスレットを作る。すると、12種類のブレスレットが作れる。
（円順列で考えると24種類になるけれど、裏返したものは同じパターンなので、24を2で割る）

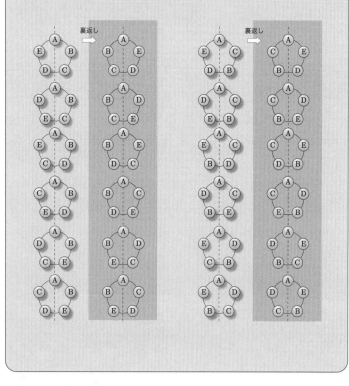

僕「そうだね。正解！　これも、知っている問題に帰着させたというのはわかる？」

テトラ「あ、はい、そうですね。ブレスレットの問題を、いったん円順列で求めておいて、半分にしたからですね」

僕「そうだね。円順列という武器をさっそく使ったことになる」

テトラ「あたし、うまく使えませんでしたけど」

僕「このブレスレットの問題を一般化したのを**数珠順列**と呼ぶこともあるよ。順列、円順列、数珠順列は深く関連している」

テトラ「あ、これにも名前があるのですね」

数珠順列の個数
異なる n 個の玉を数珠状に並べる場合の数は、

$$\frac{(n-1)!}{2}$$

通りある（裏返しを同一視する）。

1.7 ミルカさん

ミルカ「風がなかなか気持ちいいな」

テトラ「あ！ ミルカさん」

ミルカさんは僕のクラスメート。

彼女は、僕やテトラちゃんといっしょに数学トークを楽しむ仲良しだ。長い黒髪にメタルフレームの眼鏡を掛けている。

僕「ミルカさん、どうして屋上に？」

ミルカ「ちょっと通りかかっただけだ」

（どうして屋上をちょっと通りかかるんだろう……）

ミルカ「何？」

僕「い、いや、何でもないよ。いま順列、円順列、数珠順列の話をしていたんだ」

ミルカ「ふうん……」

ミルカさんは僕たちが広げていたノートをのぞき込む。

テトラ「順列に帰着させて円順列を求めたり、円順列に帰着させて数珠順列を求めたりしていたんです」

ミルカ「異なる n 個の玉を数珠状に——これを書いたのは、誰？」

異なる n 個の玉を数珠状に並べる場合の数は、

$$\frac{(n-1)!}{2}$$

通りある（裏返しを同一視する）。

僕「僕だけど？」

ミルカ「n の範囲が書かれていないから、テトラなのかと」

僕「n の範囲って……玉の数だから自然数に決まっているよ」

ミルカ「それなら、1 個の玉を数珠状に並べる並べ方は $\frac{1}{2}$ 通り？」

ミルカさんは表情を変えず、いたずらっぽい口調で言う。

僕「え……あっ！」

テトラ「どういうことですか？」

僕「あのね、$\frac{(n-1)!}{2}$ で $n=1$ にすると、

$$\frac{(1-1)!}{2} = \frac{0!}{2} = \frac{1}{2}$$

になってしまうんだよ。場合の数が $\frac{1}{2}$ 通りなんてことはありえない。だから、さっきの数珠順列の個数 n には $n \geq 2$ という条件を付けなくちゃいけなかったんだ！」

ミルカ「ふうん……それなら、2 個の玉を数珠状に並べる並べ方は $\frac{1}{2}$ 通り？」

僕「あれ？ ほんとだなあ！ あれれ？」

テトラ「確かにそうですね……ええと、$n=2$ だと、

$$\frac{(2-1)!}{2} = \frac{1!}{2} = \frac{1}{2}$$

です。こちらも $\frac{1}{2}$ 通りになってしまいます！」

僕「$n \geq 2$ でもだめか。おかしい。なぜだ？」

ミルカ「君があわてるのを見るのは久しぶりだな。それならこれは問題にする価値がある」

> **問題3**（数珠順列の条件）
> 異なる n 個の玉を数珠状に並べる場合の数を $\dfrac{(n-1)!}{2}$ で表すと、$n=1$ と $n=2$ では正しく求められない。それはなぜか。

ここで授業の予鈴が鳴った。昼休み終了だ。

1.8 放課後、図書室にて

放課後。

僕、テトラちゃん、ミルカさんの3人は図書室に集まった。

僕「昼は焦ったけど、落ち着いて考えたら当たり前だったよ」

テトラ「あたしもわかりました」

ミルカ「ふうん……では、テトラ」

ミルカさんは教師のようにテトラちゃんを指さす。

テトラ「はい。裏返しても、もともと同じだったからですね」

ミルカ「答えの前に問題を言う」

テトラ「あ、はい。あたしが考えていた問題は『どうして $n=1$ と $n=2$ では、数珠順列の数を $\dfrac{(n-1)!}{2}$ で求めることができないか』です」

ミルカ「ふむ」

テトラ「《図を描く》にしたがって、あたしは $n=1$ のときと $n=2$ のときの図を描いてみました」

$n=1$ のときの数珠順列

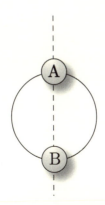

$n=2$ のときの数珠順列

テトラ「もともと、数珠順列を円順列に帰着することができたのは、《円順列のままでは 2 倍に数えてしまう》という法則があったからです。円順列では《違う》2 つの並べ方になるのに、数珠順列では裏返すことで《同じ》並べ方になりますから、だぶった分で割ってやる必要がありました」

僕「そうだね」

テトラ「でも、$n = 1$ と $n = 2$ を見ると、どちらも 1 通りしかありません。《違う》2 つの並べ方なんて、そもそもなかったんですっ!」

僕「式 $\frac{(n-1)!}{2}$ を導いた根拠が成り立たないわけだね」

ミルカ「ふむ」

解答 3（数珠順列の条件）
異なる n 個の玉を数珠状に並べる場合の数を $\frac{(n-1)!}{2}$ で表すと、$n = 1$ と $n = 2$ では正しく求められない。$n = 1$ と $n = 2$ での並べ方はどちらも 1 通りしかないため、《円順列では異なるけれど、数珠順列では裏返して同じになる》という 2 つの並べ方がそもそも存在しないからである。

テトラ「条件を見抜くのは難しいです……」

僕「僕も、うっかりしてたなあ……」

> **数珠順列の個数（条件明記版）**
> 異なる n 個の玉を数珠状に並べる並べ方は、
>
> - $n = 1, 2$ の場合には、1 通りあり、
> - $n = 3, 4, 5, \ldots$ の場合には、$\dfrac{(n-1)!}{2}$ 通りある。

テトラ「こういう条件を一つ一つ暗記するのはたいへんですね」

ミルカ「暗記とは違う。《異なる 2 個を同一視するから 2 で割る》という**構造**を理解することが大切。《構造を見抜く》んだ」

テトラ「構造……ですか」

1.9　別の考え方

ミルカ「ところで、なぜ昼に 2 人で円順列や数珠順列の話を？」

僕「テトラちゃんは中華レストランの席を考えていたんだって」

ミルカ「私はテトラに訊いたんだが」

僕「……（ミルカさん、なんだか機嫌が悪そうだな）」

テトラ「あ、はい。中華レストランのような円形の座席のことです。座り方が何通りあるのかということを考えていたら、先輩がいろいろ教えてくださったんです」

僕「自分でも数えようとしたんだよね」

ミルカ「どんなふうに？」

テトラ「あたしの数え方は失敗でした。**回すと《同じ》になるものがあって、だぶっちゃったんです……**」

僕「それで、1人を固定して」

ミルカ「君はいいから」

僕「……」

テトラ「そうです。ぐるぐる回ったら数えにくいということで、1人を固定して $n-1$ 人の順列に帰着したということです。そうすれば回らなくてすみますから」

ミルカ「回ったままでも考えられるな」

テトラ「？」

ミルカ「昼に、数珠順列で考えたのと同じ方法」

僕「あ、確かにそのやり方もあるね！」

テトラ「？？」

ミルカ「数珠順列を考えたとき、円順列の数を 2 で割った」

テトラ「そうですね。**裏返すと《同じ》になるものが、ちょうど 2 倍あるからです**」

ミルカ「テトラはさっき、いまと似たセリフを言った」

テトラ「はい？」

ミルカ「こうだ」

- 円順列で……回すと《同じ》になるものがある。
- 数珠順列で……裏返すと《同じ》になるものがある。

テトラ「はい、確かに似たセリフですが」

ミルカ「数珠順列のとき、裏返すと《同じ》になるものが、ちょうど 2 倍あった。だから円順列の数を 2 で割った」

テトラ「はい」

ミルカ「それなら、円順列のとき、回すと《同じ》になるものが、ちょうど何倍あるかを考えるのは自然じゃないかな？」

テトラ「あっ！」

僕「うんうん、そうだよね」

テトラ「ぐるぐる回すと《同じ》になる……あはははっ！」

僕「どうしたの、テトラちゃん！」

テトラ「す、すみません。ぐるぐる回すと《同じ》になる並び方は、5 人の場合には 5 通りですね！ だから、単純に順列として考えると 5 倍に数えてしまいます！」

ミルカ「その笑いは？」

テトラ「失礼しました。5 人を中華レストランの Lasy Susan の上にちょこんと座らせて、ぐるぐる回す様子を想像してしまいまして……」

僕たちも想像して笑い出してしまった。

ミルカ「n 人の円順列の数を求めるのに、2 つの方法を考えた。

もちろん、結果は等しい」

$(n-1)!$	1 人を固定して残りの $n-1$ 人の順列を考える方法
$\dfrac{n!}{n}$	n 人の順列の個数 $n!$ を重複度の n で割る方法

$$
\begin{aligned}
(n-1)! &= (n-1) \times (n-2) \times \cdots \times 1 \\
&= \frac{n \times (n-1) \times (n-2) \times \cdots \times 1}{n} \\
&= \frac{n!}{n}
\end{aligned}
$$

テトラ「なるほどです」

ミルカ「《n で割る方法》が使えるのは、回したときに《同じ》になる並び方をちょうど n 倍にだぶって数えているからだ」

僕「数えやすいように数えておいて、《重複度で割る》んだね」

ミルカ「Exactly」

> **円順列の考え方 1 (誰か 1 人を固定する方法)**
> 5 個の席が円形に配置されている丸テーブルがあり、そこに 5 人が座る。このとき着席方法は、
> $$4! = 4 \times 3 \times 2 \times 1 = 24$$
> 通りある。
> (1 人を固定し、残りの 4 人を一列に並べる順列と考える)

> **円順列の考え方 2 (重複度で割る方法)**
> 5 個の席が円形に配置されている丸テーブルがあり、そこに 5 人が座る。このとき着席方法は、
> $$\frac{5!}{5} = \frac{5 \times 4 \times 3 \times 2 \times 1}{5} = 24$$
> 通りある。
> (5 人を一列に並べる順列として考えて、重複度の 5 で割る)

ミルカ「言うまでもないことだが、どちらも正しい」

テトラ「あっ! これも《武器》ですねっ!」

ミルカ「武器?」

テトラ「はい、そうです。《1 人を固定して順列に帰着する》のも、《順列で数えておき、重複度で割る》のも、場合の数を数える

ときの武器になりますねっ！」

ミルカ「そういうことか」

テトラ「わかってみれば当たり前ですけれど、おもしろいです！」

僕「《重複度で割る》という武器は、《数珠順列を円順列に帰着させるとき》と、《円順列を順列に帰着させるとき》の両方に出てきたことになるね」

テトラ「そうですね……」

ミルカ「数えるときにはだぶらないように気を付ける。だぶりは重複であり、重複は言い換えれば同一視だ」

テトラ「同一視……」

僕「確かに。ぐるぐる回して《同じ》ものや、裏返して《同じ》ものを見つけるわけだから。2つのものが重複していると見なすってことは、2つのものを同一視しているんだ」

ミルカ「重複は同一視。そして、同一視は割り算に絡む」

僕「重複度で割ったように、だね？」

ミルカ「そう。ヴェクタもそうだった*。平行移動して重なる矢印同士を同一視した。すべての矢印の集合を考え、平行移動で重なるという同値関係で割り算する。それがヴェクタだ」

瑞谷女史「下校時間です」

司書の瑞谷先生の宣言で、僕たちの数学トークは一区切りにな

---

* 『数学ガールの秘密ノート／ベクトルの真実』参照。

る。《わかってみれば当たり前》の背後にも、おもしろい数学が隠れている。

"一列に並んでいないと、数えられないだろうか。"

第1章の問題

> 問題を解くことは、
> たとえば水泳のように実践的な技術である。
> 何であれ実践的な技術は、
> 模倣と練習によって身につくのだ。
> —— George Pólya

●**問題 1-1**（円順列）
6個の席が円形に配置されている丸テーブルがあり、そこに6人が座る。このとき、着席方法は全部で何通りか。

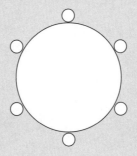

（解答は p. 268）

●**問題 1-2**（豪華な特別席）
6個の席が円形に配置されている丸テーブルがあり、そこに6人が座る。ただし、一つの椅子だけが豪華な特別席となっている。このとき、着席方法は全部で何通りか。

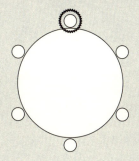

（解答は p. 270）

●問題 1-3（数珠順列）

6個の異なる宝石を使って輪にし、ブレスレットを作る。何種類のブレスレットが作れるか。

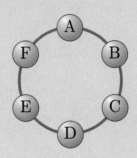

（解答は p. 272）

第2章
組み合わせで遊ぼう

"具体的に考えないと、嘘が紛れ込む。"

2.1 宿題を終えて

今日は土曜日。ここは僕の家のダイニング。
従妹のユーリが、テーブルにノートを広げて宿題をしている。

ユーリ「……あーできたできた！ 宿題おーわりっと」

僕「ユーリ、なんでわざわざうちに来て宿題するんだ？」

ユーリ「別にいーじゃん」

ユーリは栗色のポニーテールを揺らして口をとがらせた。
彼女は近所に住んでいて、しょっちゅう僕の家にやってくる。

僕「宿題は数学？」

ユーリ「組み合わせの数。こんなの」

> **問題1**（組み合わせの数）
> 生徒 5 人から 2 人を選ぶ組み合わせは何通りあるか。

僕「なるほど。ユーリには簡単だろうな」

ユーリ「簡単だよん。こうでしょ？」

> **解答1**（組み合わせの数）
> $$_5C_2 = \frac{5 \times 4}{2 \times 1} = 10$$
> だから、生徒 5 人から 2 人を選ぶ組み合わせは 10 通りある。

僕「そうだね」

ユーリ「こんなの簡単すぎ！」

僕「10 通りだったら、生徒を A,B,C,D,E として具体的に書くこともできるよ」

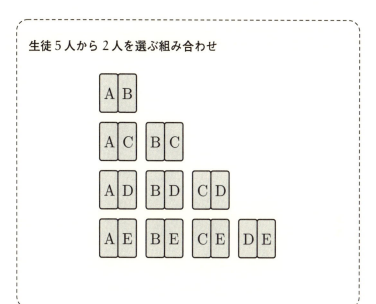

ユーリ「やっぱり 10 通りじゃん」

僕「そうだよ。ユーリの答えは正しい——ところでユーリは、この計算で《5 人から 2 人を選ぶ組み合わせの数》がどうして求められるか、わかってる？」

$$\frac{5 \times 4}{2 \times 1}$$

ユーリ「5 人から 2 人を選ぶけど、選ぶ順は考えないから半分」

僕「うんうん、そうだね。ユーリはよくわかっている」

ユーリ「えへん」

僕「こういうことだよね」

- 5人から、1人目を選ぶ方法は5通りある。
- そのそれぞれに対して、2人目を選ぶ方法は4通りある。

ユーリ「うん」

僕「ここまでで、

$$5 \times 4 = 20 \text{ 通り}$$

の選び方があるけれど、この数え方だと《1人目を選ぶ》と《2人目を選ぶ》を区別している。つまり、**順列**を考えていることになる」

ユーリ「じゅんれつ」

僕「でもいまは《A,Bの順で選ぶこと》と《B,Aの順で選ぶこと》を区別しない。**組み合わせ**を考えているからね」

ユーリ「くみあわせ」

僕「順列では20通りになるけれど、組み合わせではA,BとB,Aの2通りのうち、片方だけ数えればいい。20通りはだぶって2倍数えていたわけだから——」

ユーリ「だから、2で割って10通り！ 言った通りじゃん」

僕「そうだね。ユーリの言った通りだよ。順序を考えて2人を選んでおいてから、順序は考えないことにして割り算する。つまり、重複度で割ったわけだね。こんなふうに表の形にすると、《順列》と《組み合わせ》の関係がよくわかるかも」

生徒 5 人から 2 人を選ぶ《順列》

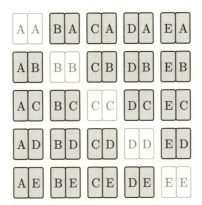

生徒 5 人から 2 人を選ぶ《組み合わせ》

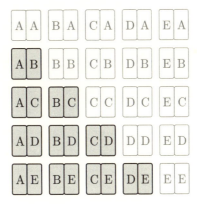

ユーリ「半分になるんでしょ」

僕「そうだね。2人を選ぶ場合、順列の個数を2で割ることになる。じゃあ、5人から3人を選ぶときはどうする?」

問題2(組み合わせの数)
生徒5人から3人を選ぶ組み合わせは何通りあるか。

ユーリ「同じ計算じゃん!」

解答2(組み合わせの数)

$$_5\mathrm{C}_3 = \frac{5 \times 4 \times 3}{3 \times 2 \times 1} = 10$$

だから、生徒5人から3人を選ぶ組み合わせは10通りある。

僕「そうだね。$\frac{5 \times 4 \times 3}{3 \times 2 \times 1}$ の分子 $5 \times 4 \times 3$ は、《5人から3人を選ぶ順列の数》で、分母 $3 \times 2 \times 1$ は、《順序を考えて選んだ3人を並べ替える場合の数》だね。分母は《3人から3人を選ぶ順列の数》ともいえる」

$$
\begin{aligned}
&《5人から3人を選ぶ組み合わせの数》\\
&= \frac{《5人から3人を選ぶ順列の数》}{《3人から3人を選ぶ順列の数》}\\
&= \frac{5 \times 4 \times 3}{3 \times 2 \times 1}
\end{aligned}
$$

ユーリ「くどい説明だにゃあ」

僕「そう？」

ユーリ「そーだよー。順序を考えて、とかいちいち」

僕「まあ、そうだけど、そこは大事なポイントだからなあ。

- 順序を考えて一列に並べるのが《順列》
- 順序を考えずにまとめて選ぶのが《組み合わせ》

だよね」

ユーリ「宿題終わったし、お兄ちゃん、何して遊ぶ？」

僕「ねえ、ユーリはこの《5人から3人を選ぶ組み合わせの数》を**一般化**できる？」

ユーリ「いっぱんか？」

2.2 一般化

僕「そう。《**変数の導入による一般化**》だね。5人から3人を選ぶんじゃなくて、n人からr人を選ぶ組み合わせの数、つまり、

$$\binom{n}{r}$$

を求めることはできる？」

ユーリ「ねえ、お兄ちゃんって、組み合わせの数を $_nC_r$ じゃなくて、$\binom{n}{r}$ って書くよね」

僕「そうだね。$_nC_r$ と $\binom{n}{r}$ は同じ数だよ。学校では $_nC_r$ を使うけど、数学の本ではよく $\binom{n}{r}$ が使われるんだ」

ユーリ「そーなんだ。ユーリは見たことないけど」

僕「それにね、$_nC_r$ よりも $\binom{n}{r}$ のほうが、大切な n や r をはっきり書けるしね。式も書きやすい。たとえば、

$$_{n+r-1}C_{n-1}$$

よりも

$$\binom{n+r-1}{n-1}$$

のほうが見やすいだろ？」

ユーリ「数式マニアは考えることが違うね」

僕「こんなのマニアじゃないよ……ところで $\binom{n}{r}$ はどうなった？」

ユーリ「どーなったって？」

僕「$\binom{n}{r}$ を n と r で表せる？」

問題 3（一般化した組み合わせの数）
n 人から r 人を選ぶ組み合わせの数 $\binom{n}{r}$ は何通りあるか。
$\binom{n}{r}$ を n と r で表せ。
ただし、n と r はどちらも 0 以上の整数 $(0, 1, 2, \ldots)$ で、$n \geqq r$ とする。

ユーリ「うん、知ってるよ。こーでしょ？」

解答 3（一般化した組み合わせの数）
n 人から r 人を選ぶ組み合わせの数 $\binom{n}{r}$ を n と r で表すと、

$$\binom{n}{r} = \frac{n!}{r!\,(n-r)!}$$

になる。
ただし、n と r はどちらも 0 以上の整数 $(0, 1, 2, \ldots)$ で、$n \geqq r$ とする。

僕「そうだね。n! は**階乗**」

> **階乗 $n!$**
>
> $$n! = n \times (n-1) \times (n-2) \times \cdots \times 2 \times 1$$
>
> ただし、n は 0 以上の整数 $(0, 1, 2, 3, \ldots)$ とする。
> また、$0!$ は 1 に等しいと定義する。

ユーリ「知ってるよ！」

僕「ユーリの答えの通り n 人から r 人を選ぶ組み合わせの数は、

$$\binom{n}{r} = \frac{n!}{r!\,(n-r)!}$$

で計算できる。でもね、さっきユーリが答えた《5 人から 3 人を選ぶ組み合わせの数》と見比べると、少し気になることがある。見比べてみよう」

> **5 人から 3 人を選ぶ組み合わせの数**
>
> $$\binom{5}{3} = \frac{5 \times 4 \times 3}{3 \times 2 \times 1}$$
>
> **n 人から r 人を選ぶ組み合わせの数**
>
> $$\binom{n}{r} = \frac{n!}{r!\,(n-r)!}$$

ユーリ「何が気になるの？」

僕「これを見ると、両方の式の形はずいぶん違うよね。もしも $\frac{n!}{r!(n-r)!}$ にそのまま $n = 5$ と $r = 3$ を代入したら、こうなるはずだから」

$$\binom{n}{r} = \frac{n!}{r!(n-r)!}$$

$$\binom{5}{3} = \frac{5!}{3!(5-3)!} \qquad n = 5 \text{ と } r = 3 \text{ を代入した}$$

ユーリ「あ……そりゃそーか」

僕「この両方の式は同じ数を表していなきゃいけないよね」

$$\frac{5!}{3!(5-3)!} \stackrel{?}{=} \frac{5 \times 4 \times 3}{3 \times 2 \times 1}$$

ユーリ「それって……計算すればわかるんじゃない？」

$$\frac{5!}{3!(5-3)!} = \frac{5!}{3!\,2!}$$
$$= \frac{5 \times 4 \times 3 \times 2 \times 1}{3 \times 2 \times 1 \times 2 \times 1}$$
$$= \frac{5 \times 4 \times 3}{3 \times 2 \times 1} \qquad \text{分子と分母を } 2 \times 1 \text{ で割った（約分）}$$

したがって、$\frac{5!}{3!(5-3)!}$ と $\frac{5 \times 4 \times 3}{3 \times 2 \times 1}$ は等しい。

僕「そうだね、それでいい。でね、いまユーリは分数を約分して計算したけど、それを文字を使って書いてみようよ。ややこしく見えるけれど、ユーリが具体的な数でやってくれたのと同じこと」

$$\frac{n!}{r!\,(n-r)!}$$

$$= \frac{n \times (n-1) \times \cdots \times (n-r+1) \times \overbrace{(n-r) \times (n-r-1) \times \cdots \times 2 \times 1}^{(n-r)!\,\text{に等しい}}}{r!\,(n-r)!}$$

$$= \frac{n \times (n-1) \times \cdots \times (n-r+1) \times (n-r)!}{r!\,(n-r)!}$$

$$= \frac{n \times (n-1) \times \cdots \times (n-r+1)}{r!} \quad \text{分母と分子を}(n-r)!\text{で割った（約分）}$$

$$= \frac{n \times (n-1) \times \cdots \times (n-r+1)}{r \times (r-1) \times \cdots \times 2 \times 1} \quad \text{分母の}r!\text{を}\times\text{を使って書いた}$$

ユーリ「めんどい……けど、階乗の $(n-r)!$ で約分できるんだ」

僕「そうだね。分子の $n!$ のうち、$(n-r) \times (n-r-1) \times \cdots \times 1$ という《しっぽ》が約分で消えちゃう。だから分子は $n \times (n-1) \times \cdots \times (n-r+1)$ という《しっぽが切れた階乗》になるんだね」

ユーリ「お兄ちゃんって、数式いじるのほんとうに好きだよね。でも、この式がどーしたの？」

僕「これで、《n 人から r 人を選ぶ組み合わせの数》を2通りに書けた。もちろんどちらも正しいよ」

n 人から r 人を選ぶ組み合わせの数

n 人から r 人を選ぶ組み合わせの数 $\binom{n}{r}$ は 2 通りに書ける。

$$\binom{n}{r} = \frac{n!}{r!\,(n-r)!}$$

$$\binom{n}{r} = \frac{n \times (n-1) \times \cdots \times (n-r+1)}{r \times (r-1) \times \cdots \times 1}$$

ただし、n と r はどちらも 0 以上の整数 $(0, 1, 2, \ldots)$ とし、$n \geqq r$ とする。

2.3 対称性

僕「ところでさっきは $(n-r)!$ を使って約分したけれど、$r!$ を使って約分することもできるよ」

$$\frac{n!}{r!\,(n-r)!}$$

$$= \frac{n \times (n-1) \times \cdots \times (r+1) \times \overbrace{r \times (r-1) \times \cdots \times 2 \times 1}^{r!\,\text{に等しい}}}{r!\,(n-r)!}$$

$$= \frac{n \times (n-1) \times \cdots \times (r+1) \times \boxed{r!}}{\boxed{r!}\,(n-r)!}$$

$$= \frac{n \times (n-1) \times \cdots \times (r+1)}{(n-r)!} \qquad \text{分母と分子を}\ r!\ \text{で割った（約分）}$$

$$= \frac{n \times (n-1) \times \cdots \times (r+1)}{(n-r) \times (n-r-1) \times \cdots \times 1} \qquad (n-r)!\ \text{を}\ \times\ \text{を使って書いた}$$

ユーリ「またまためんどい式が……そっか、さっきは $(n-r)!$ で約分したけど、今度は $r!$ で約分したってこと？」

僕「そうそう。よくわかっているなユーリ」

ユーリ「式を読めばわかるもん」

僕「じゃあ、これが成り立つのはわかる？」

$$\frac{n \times (n-1) \times \cdots \times (n-r+1)}{r \times (r-1) \times \cdots \times 1} = \frac{n \times (n-1) \times \cdots \times (r+1)}{(n-r) \times (n-r-1) \times \cdots \times 1}$$

ユーリ「うわめんどい」

僕「『式を読めばわかるもん』って誰かさんが言ってたよ」

ユーリ「ユーリの真似するなー！ えーっと、左辺は $(n-r)!$ で約分した式で、右辺は $r!$ で約分した式？」

僕「その通り。同じ式を2通りに書いたんだ」

ユーリ「うん」

僕「そしてここから対称公式が導ける」

対称公式
$$\binom{n}{r} = \binom{n}{n-r}$$

ユーリ「へー……あれ？ これ、当たり前じゃん。だって、
$$_nC_r = {_nC_{n-r}}$$
ってことでしょ？《n人からr人を選ぶ》って、《n人からn−r人を残す》のと同じだもん」

僕「そう！ ユーリのその考え方を数式を使って書いたんだよ」

ユーリ「ふーん」

僕「nとrで書くとわかりにくいけど、選ぶ人をs人、残す人をt人にして、n = s + tとすれば対称性がわかるよ」

ユーリ「たいしょうせい」

> **対称公式**
> s + t 人から s 人を選ぶ組み合わせの数は、
> t + s 人から t 人を選ぶ組み合わせの数に等しい。
> $$\binom{s+t}{s} = \binom{t+s}{t}$$

僕「$\frac{(s+t)!}{s!\,t!} = \frac{(t+s)!}{t!\,s!}$ と書いてもよくわかる。左右対称だよね」

ユーリ「ほほー」

僕「ところで、ユーリはめんどいめんどい言いながら、きちんと数式読むよね。偉いなあ」

ユーリ「ふふん。コツがあるのだよ、お兄ちゃん」

僕「コツ?」

2.4 最初と最後を見る

ユーリ「あのね、式の《**最初と最後を見る**》のがコツなの」

僕「どういうこと?」

ユーリ「たとえば、

$$n \times (n-1) \times \cdots \times (n-r+1)$$

みたいな式をお兄ちゃんが書いたとするじゃん? そこでね、

《最初と最後を見る》んだよん」

$$\underbrace{n}_{\text{最初}} \times (n-1) \times \cdots \times \underbrace{(n-r+1)}_{\text{最後}}$$

僕「なるほど」

ユーリ「そしてね、たとえば $n = 5, r = 3$ みたいな数で想像するの。《最初》は n だから 5 でしょ？ 《最後》は $(n-r+1)$ だから、$5-3+1 = 3$ だよね。だから『ああこの式は $5 \times 4 \times 3$ のことをいってるんだにゃ！』ってわかる」

僕「ユーリ！ ユーリはほんとに偉いなあ！」

ユーリ「うわびっくりした。ね、そんなに偉い？」

僕「偉い偉い」

ユーリ「頭、なでさせてやってもいーよ」

　僕はユーリの頭をなでさせていただいた。

2.5　数を数える

僕「ユーリが言った《最初と最後を見る》の他に《**数を数える**》のも、数式のいい読み方だよ」

ユーリ「何の数を数えるの？」

僕「たとえば、$n \times (n-1) \times (n-2) \times \cdots \times (n-r+2) \times (n-r+1)$ を読むとき」

$$\underbrace{n}_{1\text{個目}} \times \underbrace{(n-1)}_{2\text{個目}} \times \underbrace{(n-2)}_{3\text{個目}} \times \cdots \times \underbrace{(n-r+2)}_{r-1\text{個目}} \times \underbrace{(n-r+1)}_{r\text{個目}}$$

ユーリ「……」

僕「こうして1個目、2個目、3個目……って《数を数える》と、r 個の式を掛け算しているってわかるよね」

ユーリ「これは難しーよー。最初の $1,2,3$ はいいけど、最後の $r-1$ と r ってどっから出てきたの? 途中にテンテン($\cdots$)がはさまってるからわかんないよー」

僕「ああ、そうだね。こういうときにはそれこそコツがある。$n \times (n-1) \times (n-2) \times \cdots$ は《1 ずつ少なくなる数》を掛け算している」

ユーリ「うん」

僕「そして数を数えるときの $1, 2, 3, \ldots$ は《1 ずつ多くなる数》を使う」

ユーリ「そりゃそーだ」

僕「ということはだ。《両方を足した数はいつも一定》だといえるよね? つまりこの場合はいつも $n+1$ だ」

n 　n は 1 番目、$n + 1 = n + 1$

$\times (n-1)$ $(n-1)$ は 2 番目、$(n-1) + 2 = n + 1$

$\times (n-2)$ $(n-2)$ は 3 番目、$(n-2) + 3 = n + 1$

$\times \cdots$

ユーリ「足してみるといつも $n+1$ になる……」

僕「だから、$(n-r+2)$ が何番目かはすぐにわかるよね」

ユーリ「そっか！ $(n-r+2)$ に何を足せば $n+1$ になるかを考えればいーんだ！ $r-1$ だね！」

僕「そうそう。同じように考えて $(n-r+1)$ は r 番目だとわかる。$(n-r+1)+r=n+1$ だから」

$$
\begin{array}{ll}
n & n \text{ は1番目、} n+1=n+1 \\
\times (n-1) & (n-1) \text{ は2番目、} (n-1)+2=n+1 \\
\times (n-2) & (n-2) \text{ は3番目、} (n-2)+3=n+1 \\
\times \cdots & \cdots \\
\times (n-r+2) & (n-r+2) \text{ は } r-1 \text{ 番目、} (n-r+2)+(r-1)=n+1 \\
\times (n-r+1) & (n-r+1) \text{ は } r \text{ 番目、} (n-r+1)+r=n+1
\end{array}
$$

僕「こんなふうに少し計算すると、《数を数える》ことができる。そして、組み合わせの数を表す式を《数を数える》という目で見ると……」

$$\binom{n}{r} = \frac{\overbrace{n \times (n-1) \times (n-2) \times \cdots \times (n-r+2) \times (n-r+1)}^{r\text{個の積}}}{\underbrace{r \times (r-1) \times (r-2) \times \cdots \times 2 \times 1}_{r\text{個の積}}}$$

ユーリ「分母も分子も、r 個の式を掛けてるってこと？」

僕「そうだね。こう書いてもいい」

$$\binom{n}{r} = \underbrace{\frac{n}{r} \cdot \frac{n-1}{r-1} \cdot \frac{n-2}{r-2} \cdot \ldots \cdot \frac{n-r+2}{2} \cdot \frac{n-r+1}{1}}_{r\text{個の積}}$$

僕「こんなふうに書くと、分母と分子のどちらも、r 個の式の積なのがわかりやすい」

ユーリ「……」

僕「ここまで考えると、この式が $\frac{5}{3} \cdot \frac{4}{2} \cdot \frac{3}{1}$ つまり $\frac{5 \times 4 \times 3}{3 \times 2 \times 1}$ の一般化だってことがよくわかる。数式をいじっていると、こんなふうに n や r を使って一般化した式と、5 や 3 を使って具体的に書いた式がしっくり心になじむだろ？」

ユーリ「いやーその最後のしみじみしたセリフはわかんないけど。でも、楽しーね！」

僕「そうだろ？ 数式をいじるのはとても楽しいんだよ」

ユーリ「《場合の数》を数えてたのに、いつのまにか《式の個数》を数えてたね。さすが数式マニア！」

僕「マニアじゃないって」

2.6 パスカルの三角形

ユーリ「お兄ちゃんが数式をいじっているときって、すっごく楽しそーだよ。お兄ちゃん見てると、ユーリも数式書きたくなる！」

僕「いいね！ ユーリは**パスカルの三角形**って知ってる？」

ユーリ「知ってるよー。上の2つを足して下の数作るんでしょ？
　　　お兄ちゃんもよく書いてくれたじゃん」

```
パスカルの三角形

                    1
                  1   1
                1   2   1
              1   3   3   1
            1   4   6   4   1
          1   5  10  10   5   1
        1   6  15  20  15   6   1
      1   7  21  35  35  21   7   1
    1   8  28  56  70  56  28   8   1
```

僕「じゃあ、ここに出てくる数はどれも《組み合わせの数》になるって知ってた？」

ユーリ「えーと……どこが？」

僕「こんなふうに表の形にしたほうがはっきりするかな」

n\r	0	1	2	3	4	5	6	7	8
0	1								
1	1	1							
2	1	2	1						
3	1	3	3	1					
4	1	4	6	4	1				
5	1	5	10	10	5	1			
6	1	6	15	20	15	6	1		
7	1	7	21	35	35	21	7	1	
8	1	8	28	56	70	56	28	8	1

表の形にしたパスカルの三角形

ユーリ「何がはっきりしたかわかんない」

僕「これだと《n行r列目の数》が、ちょうど《n個のものからr個を取り出す組み合わせの数》になってるんだよ」

ユーリ「へー」

僕「たとえば、ほら、《5個のものから2個を取り出す組み合わせの数》を考える。すると、$\binom{5}{2} = \frac{5 \times 4}{2 \times 1} = 10$ だよね。そして、この表でもちゃんと《5行2列目の数》は10になってるだろ」

r n	0	1	2	3	4	5	6	7	8
0	1								
1	1	1							
2	1	2	1						
3	1	3	3	1					
4	1	4	6	4	1				
5	1	5	10	10	5	1			
6	1	6	15	20	15	6	1		
7	1	7	21	35	35	21	7	1	
8	1	8	28	56	70	56	28	8	1

《5 行 2 列目の数》は $\binom{5}{2}$ に等しい

ユーリ「ほんとだ！ あ、この表って 0 行目から始まってるんだね」

僕「そうだよ。0 から始めたほうが便利だから」

ユーリ「へー」

僕「さっき書いた《対称公式》も、パスカルの三角形から読み取れるけど、わかるかな？」

> **対称公式**
> $$\binom{n}{r} = \binom{n}{n-r}$$

ユーリ「わかんない」

僕「《そのスピードは考えてない証拠》ってミルカさんから怒られたよね」

ユーリ「くっ、ミルカさまをダシに使うなー！ ……えーとね、行の数字が左右対称になってるってこと？」

僕「そうそう。表を見ると 1 1 や、1 2 1 や、1 3 3 1 や、……どの行も数字が左右対称に並んでる。8 行目は、

  1　8　28　56　70　56　28　8　1

だね。確かに《対称公式》という名前がぴったり当てはまる」

ユーリ「ふんふん」

僕「対称公式は組み合わせの定義から証明できたけど、こんなふうにパスカルの三角形で見ることもできるし、ユーリが言ってたように《n 人から r 人を選ぶ》のは《n 人から $n-r$ 人を残す》のと同じと考えてもいいよね。組み合わせの数はいろんな視点から見ることができるんだよ」

ユーリ「ほーほー」

僕「ところで、ユーリは不思議に思わない？」

ユーリ「何が?」

僕「パスカルの三角形は、0 行目に 1 と書き、1 行目に 1 1 と書き、あとは上の行の 2 数を足し合わせて作るよね。両端はいつも 1」

ユーリ「そーだね」

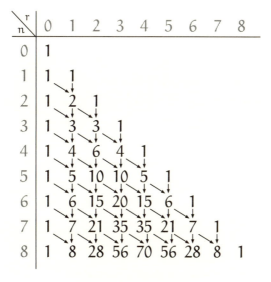

パスカルの三角形の作り方

僕「どうしてこの作り方で組み合わせの数が出てくるんだと思う? こんなふうに 2 数を足し合わせるだけで」

ユーリ「どーしてって……どーして?」

僕「パスカルの三角形はほんとに組み合わせの数を作るといえるのか。それが問題」

> **問題4**(パスカルの三角形と組み合わせの数)
> パスカルの三角形は組み合わせの数を作るといえるか。

ユーリ「……わかんない。あっ、今度は考えたよ! そーじゃなくて、わかんないってゆーのは、《どー答えていいか》がわかんないの」

僕「うん、そうだよね。《何をいえば答えたことになるか》がわかりにくい問題だね」

ユーリ「そーそー! 何をいえば答えたことになるの?」

僕「いくつか答え方はあると思うけれど、たとえば数式だけで答える方法がある」

ユーリ「数式で答える?」

僕「パスカルの三角形は《両端は1で、上の行の2数を加えて作る》といえるよね。それに対して、組み合わせの数 $\binom{n}{r}$ は

$$\frac{n!}{r!\,(n-r)!}$$ という式で定義できる」

ユーリ「うん、いーよ。それで?」

僕「だから、**パスカルの三角形の作り方で、この組み合わせの数の式が出てくることを証明**できればいいわけだ」

ユーリ「……」

僕「うん? わからない?」

ユーリ「ちょっと待って」

ユーリは急に真剣な顔になる。急速思考モードに入ったらしい。栗色の髪が金色に変わる。僕はそんなユーリが「こっちに戻ってくる」のをじっと待つ。

僕「……」

ユーリ「……ねー、お兄ちゃん」

僕「なに?」

ユーリ「……おもしろいね」

僕「なにが?」

ユーリ「あのね、パスカルの三角形は知ってたし、組み合わせの数になってると言われて『ふーん、そーかもね』と思ったよ。でも、それを《証明しよう》とは思いもつかなかったの」

僕「うん」

ユーリ「でも考えてみればそーだよね。パスカルの三角形の作り

方で、組み合わせの数ができるなんてすぐにはわからないもん。見た範囲——試したのは $\binom{5}{2}$ だけだけど——は確かに組み合わせの数になってるみたい。でもずっと先まで組み合わせの数になるなんて、そんな保証はないもんね」

僕「そうそう！ そうなんだよ、ユーリ。偉いぞ。まさに、その保証のために**証明**をするんだ。パスカルの三角形、ずっと下の、見えない先まで組み合わせの数になっているという保証のために」

ユーリ「できんの？」

僕「できるよ。ちょっと計算するだけ。いっしょに証明しよう」

ユーリ「しようしよう！」

僕「うん。これから僕たちが証明するのは、0 以上のすべての整数 n と r について、表になった**パスカルの三角形の《n 行 r 列目の数》**が $\binom{n}{r}$ **に等しい**ということ。$n \geqq r$ として」

ユーリ「ふんふん。確かに、それが証明できれば、パスカルの三角形が組み合わせの数になっているといえるもんね」

僕「パスカルの三角形の《n 行 r 列目の数》のことを $T(n, r)$ と書くことにしよう」

$T(n, r)$　　パスカルの三角形の《n 行 r 列目の数》

ユーリ「？」

僕「こうすると、証明したいことが式で表せる。$T(n, r) = \binom{n}{r}$ を証明すればいいんだ！」

$$T(n, r) \stackrel{?}{=} \frac{n!}{r!\,(n-r)!}$$

ユーリ「にゃるほど！」

僕「試しに考えてみよう。$T(0,0)$ の値は何だろう」

ユーリ「《0 行 0 列目》の数だよね？ 1 だよ、表で見ると」

r\n	0	1	2	3	4	5	6	7	8
0	①								
1	1	1							
2	1	2	1						
3	1	3	3	1					
4	1	4	6	4	1				
5	1	5	10	10	5	1			
6	1	6	15	20	15	6	1		
7	1	7	21	35	35	21	7	1	
8	1	8	28	56	70	56	28	8	1

$$T(0,0) = 1$$

僕「うん。そして $\frac{n!}{r!\,(n-r)!} = \frac{0!}{0!\,(0-0)!} = 1$ だから、こっちも 1 になってる。$T(0,0) = \binom{0}{0}$ は成り立っている。言い換えると $n=0, r=0$ のとき $T(n,r) = \binom{n}{r}$ は成り立つ」

ユーリ「先は長いにゃ」

僕「次に、特別な n と r について考えてみよう」

ユーリ「特別?」

僕「各行の《両端》を考える。つまり r = 0 と n = r のとき」

ユーリ「えーと……あ! 1 になるところ?」

僕「そうそう。パスカルの三角形では r = 0 のときと、n = r の
ときは必ず 1 になる。つまり $T(n, 0) = 1$ と $T(n, n) = 1$ が
いえる」

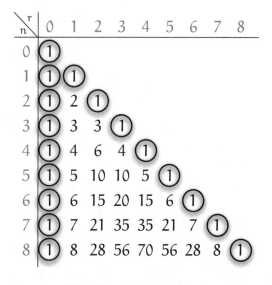

$T(n, 0) = 1, \quad T(n, n) = 1$

僕「それに対して、組み合わせの数の定義ではどうなる?」

ユーリ「$r = 0$ のときは、$\dfrac{n!}{r!\,(n-r)!} = \dfrac{n!}{0!\,(n-0)!} = \dfrac{n!}{n!} = 1$ だから、1 だね！」

僕「その通り。だから、$T(n, 0) = \binom{n}{0}$ はいつも成り立つ。$n = r$ のときはどうだろう？」

ユーリ「$n = r$ のときは、$\dfrac{n!}{r!\,(n-r)!} = \dfrac{n!}{n!\,(n-n)!} = \dfrac{n!}{n!} = 1$ だから、やっぱり 1 だよ！」

僕「いいね！ これで $T(n, n) = \binom{n}{n}$ も成り立つことがわかった」

- $T(n, 0) = \binom{n}{0}$ は成り立つ。
- $T(n, n) = \binom{n}{n}$ は成り立つ。

ユーリ「でもさー、これってパスカルの三角形の端っこだけじゃん？ それ以外は、どーすんの？」

僕「パスカルの三角形を作る通りに式を書けばいいんだよ」

ユーリ「並んだ数を 2 個、足し合わせるってこと？」

僕「式を使ってきっちり考えよう。n 行目に並んだ数のうち、r 列目と $r + 1$ 列目の数を足し合わせるとする。つまり、$T(n, r)$ と $T(n, r+1)$ を足す。そうすると……」

ユーリ「そーすると、下の行だから、$n + 1$ 行目の数？」

僕「そう。$n + 1$ 行 $r + 1$ 列目の数、つまり $T(n+1, r+1)$ だ」

ユーリ「そっか！」

僕「パスカルの三角形の作り方というのは、

$$T(n, r) + T(n, r+1) = T(n+1, r+1)$$

という式で書ける。だから、組み合わせの数 $\binom{n}{r}$ でも同じ式が成り立つかどうかを調べればいい」

この式は成り立つか？

$$\binom{n}{r} + \binom{n}{r+1} = \binom{n+1}{r+1}$$

ただし、n と r は 0 以上の整数で、$n \geq r+1$ とする。

ユーリ「おー！ ……お兄ちゃん、どーするの？」

僕「組み合わせの定義の式を使って、左辺を計算していくだけだよ。分数の足し算だから、通分して足せばいい」

$$\binom{n}{r} + \binom{n}{r+1}$$

$$= \frac{n!}{r!\,(n-r)!} + \frac{n!}{(r+1)!\,(n-(r+1))!} \quad \text{組み合わせの数の定義から}$$

$$= \boxed{\frac{r+1}{r+1}} \cdot \frac{n!}{r!\,(n-r)!} + \boxed{\frac{n-r}{n-r}} \cdot \frac{n!}{(r+1)!\,(n-(r+1))!} \quad \text{通分の準備}$$

$$= \frac{(r+1) \times n!}{(r+1) \times r!\,(n-r)!} + \frac{(n-r) \times n!}{(n-r) \times (r+1)!\,(n-r-1)!} \quad \text{通分}$$

$$= \frac{(r+1) \times n!}{(r+1)!\,(n-r)!} + \frac{(n-r) \times n!}{(r+1)!\,(n-r)!} \quad \text{分母を計算した}$$

$$= \frac{(r+1) \times n! + (n-r) \times n!}{(r+1)!\,(n-r)!} \quad \text{加えた}$$

$$= \frac{((r+1) + (n-r)) \times n!}{(r+1)!\,(n-r)!} \quad \text{n! でくくった}$$

$$= \frac{(n+1) \times n!}{(r+1)!\,(n-r)!} \quad (r+1)+(n-r) = n+1 \text{ だから}$$

$$= \frac{(n+1)!}{(r+1)!\,(n-r)!} \quad (n+1) \times n! = (n+1)! \text{ だから}$$

$$= \binom{n+1}{r+1} \quad \text{組み合わせの数の定義から}$$

ユーリ「うわあ、ややこしー！ 通分が通分に見えない！」

僕「$(r+1) \times r! = (r+1)!$ と $(n-r) \times (n-r-1)! = (n-r)!$ に気付く必要があるからなあ。そして最後に $(n+1) \times n! = (n+1)!$ もね。階乗の定義から考えればわかるはずだけど」

ユーリ「ややこしーけど、計算できるんだ！」

僕「だから、結局これが成り立つ」

> **この式は成り立つ**
>
> $$\binom{n}{r} + \binom{n}{r+1} = \binom{n+1}{r+1}$$
>
> ただし、n と r は 0 以上の整数で、$n \geqq r+1$ とする。

ユーリ「パスカルの三角形の《上の行の 2 数を足す》ってところが証明できた？」

僕「そうだね。これで終わりだよ」

ユーリ「やったー！」

> **解答 4**（パスカルの三角形と組み合わせの数）
> 表になったパスカルの三角形の《n 行 r 列の数》は《n 人から r 人を選ぶ組み合わせの数》に等しいといえる。

2.7 公式を見つけよう

僕「表になったパスカルの三角形を見ていると、いろんな《公式》を見つけることができるよ」

ユーリ「へー、どんなの？」

僕「たとえば、こういうの。第 3 列を上からずっと見ていくよね」

n\r	0	1	2	3	4	5	6	7	8
0	1								
1	1	1							
2	1	2	1						
3	1	3	3	1					
4	1	4	6	4	1				
5	1	5	10	10	5	1			
6	1	6	15	20	15	6	1		
7	1	7	21	35	35	21	7	1	
8	1	8	28	56	70	56	28	8	1

ユーリ「第 3 列って、$1, 4, 10, 20, 35, 56, \ldots$ というところ？」

僕「そうそう。それを順番に足していく。たとえば最初の 3 個」

ユーリ「最初の 3 個を足したら 15 だけど？」

$$1 + 4 + 10 = 15$$

僕「それで、いま足した範囲の右下をふと見る。すると……」

ユーリ「おっと！ 15 がある！」

n \ r	0	1	2	3	4	5	6	7	8
0	1								
1	1	1							
2	1	2	1						
3	1	3	3	1					
4	1	4	6	4	1				
5	1	5	10	10	5	1			
6	1	6	15	20	15	6	1		
7	1	7	21	35	35	21	7	1	
8	1	8	28	56	70	56	28	8	1

$$1 + 4 + 10 = 15$$

僕「パスカルの三角形では、縦に何個か足した結果が右下に必ず現れるんだよ」

ユーリ「え！ うそー！」

僕「うそじゃないよ。たとえば、第 1 列は $1, 2, 3, 4, 5, 6, 7, 8, \ldots$ だよね。最初の 7 個を足してごらん」

ユーリ「最初の 7 個を足すと、$1 + 2 + 3 + 4 + 5 + 6 + 7 = 28$ で、右下は！ 確かにっ！ 28 だっ！」

r n	0	1	2	3	4	5	6	7	8
0	1								
1	1	1							
2	1	2	1						
3	1	3	3	1					
4	1	4	6	4	1				
5	1	5	10	10	5	1			
6	1	6	15	20	15	6	1		
7	1	7	21	35	35	21	7	1	
8	1	8	28	56	70	56	28	8	1

$$1+2+3+4+5+6+7=28$$

僕「パスカルの三角形は**どの列でも**これが成り立つんだ。上から順に足していくと、右下にその和が書かれてる」

ユーリ「ほえー!」

ユーリはパスカルの三角形のあちこちを計算して回った。

僕「おもしろいだろ?」

ユーリ「おもしろーい!」

僕「じゃ、これを**証明**してみよう」

ユーリ「何を?」

僕「だから、この《ある列を上から順に足していくと、その結果が右下にある》ことを」

ユーリ「あ、そっか。これも証明できるんだ」

僕「まず最初に《ある列を上から順に足していくと、その結果が右下にある》ということを**数式**で書かないと」

ユーリ「また数式ぃー？」

僕「数式で書かないと、あいまいになるから考えにくいんだよ。たとえば、r 列に縦に並んでいる数のうち、一番上の数は？」

ユーリ「えっと、$\binom{r}{r}$ だよね？」

僕「そうだね。じゃ、そのすぐ下の数は？」

ユーリ「$\binom{r+1}{r}$ になる……そっか、上から足していくってことは、

$$\binom{r}{r} + \binom{r+1}{r} + \cdots$$

という式を作ればいいってこと？」

僕「そうそう！ そういう感じで足していく。たとえば n 行まで足したら、

$$\binom{r}{r} + \binom{r+1}{r} + \cdots + \binom{n}{r}$$

になる。ということは、

$$\binom{n+1}{r+1} = \binom{r}{r} + \binom{r+1}{r} + \cdots + \binom{n}{r}$$

が成り立つことを証明すればいい！」

ユーリ「なーるほど」

僕「証明はそんなに難しくないよ。パスカルの三角形の作り方を思い出せばいい。$\binom{n+1}{r+1}$ を分解しよう」

$$\binom{n+1}{r+1} = \binom{n}{r} + \binom{n}{r+1}$$

ユーリ「それで？」

僕「次は $\binom{n}{r+1}$ を分解する。分解を繰り返していくんだね」

$$\binom{n+1}{r+1}$$
$$= \binom{n}{r} + \binom{n}{r+1} \quad \text{和に分解}$$
$$= \binom{n}{r} + \binom{n-1}{r} + \binom{n-1}{r+1} \quad \text{和に分解}$$
$$= \binom{n}{r} + \binom{n-1}{r} + \binom{n-2}{r} + \binom{n-2}{r+1} \quad \text{和に分解}$$
$$= \cdots$$
$$= \binom{n}{r} + \binom{n-1}{r} + \binom{n-2}{r} + \cdots + \binom{r+1}{r} + \binom{r+1}{r+1} \quad \text{和に分解}$$

僕「最後の $\binom{r+1}{r+1}$ は $\binom{r}{r}$ に等しい。どちらも 1 だから。これでできたよ」

$$\binom{n+1}{r+1} = \binom{n}{r} + \binom{n-1}{r} + \binom{n-2}{r} + \cdots + \binom{r+1}{r} + \binom{r}{r}$$

ユーリ「あとは逆順に並べ替える？」

$$\binom{n+1}{r+1} = \binom{r}{r} + \binom{r+1}{r} + \cdots + \binom{n-2}{r} + \binom{n-1}{r} + \binom{n}{r}$$

僕「うん、そうだね。縦に足した結果が右下の数に等しいのはこれで証明できた」

ユーリ「割とあっさり」

僕「パスカルの三角形の表を見ても、すぐにわかるよ。たとえば 15 だったら、こんなふうに分解しながら上に昇っていくんだ。15 はもともと 10+5 で、そのうちの 5 はもともと 4+1 で……と昇る。最後は 1 で終わる」

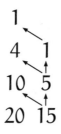

ユーリ「あ、これって、いまの証明とおんなじだよね。分解を繰り返しているもん！」

2.8 式を数える

僕「こんなふうにパスカルの三角形で遊んでいると、組み合わせの数を考えるのが楽しくなるよね」

ユーリ「まーね。ユーリよりお兄ちゃんのほうがずっと楽しんでいると思うけど……」

僕「じゃ、こんな問題はどうかな」

問題5（式を満たす組の数）
x, y, z を 1 以上の整数とする $(1, 2, 3, \ldots)$。
次の式を満たす (x, y, z) は何組あるか。
$$x + y + z = 7$$

ユーリ「なんでハナシが急に変わるの？」

僕「え？ いやぜんぜん変わってないけど」

ユーリ「x, y, z の話になってるじゃん！」

僕「いや、問題よく読みなよ。$x + y + z = 7$ を満たす (x, y, z) を数えるんだから、やっぱり場合の数になるよね」

ユーリ「ユーリ、こーゆーの苦手なんだよー。根気よく数えるの」

僕「いっしょにやってみようよ。$1 + 1 + 5 = 7$ だから、$(x, y, z) = (1, 1, 5)$ で1組だろ？ それから、$1 + 2 + 4 = 7$ で $(x, y, z) = (1, 2, 4)$ で2組目」

ユーリ「$(1, 3, 3)$ と $(1, 4, 2)$ と $(1, 5, 1)$ で5組になる」

僕たちは $x + y + z = 7$ を満たす (x, y, z) を書き上げた。

```
x + y + z = 7 を満たす (x, y, z) を書き上げる

 x  y  z
 1  1  5 | 1 + 1 + 5 = 7
 1  2  4 | 1 + 2 + 4 = 7
 1  3  3 | 1 + 3 + 3 = 7
 1  4  2 | 1 + 4 + 2 = 7
 1  5  1 | 1 + 5 + 1 = 7
 2  1  4 | 2 + 1 + 4 = 7
 2  2  3 | 2 + 2 + 3 = 7
 2  3  2 | 2 + 3 + 2 = 7
 2  4  1 | 2 + 4 + 1 = 7
 3  1  3 | 3 + 1 + 3 = 7
 3  2  2 | 3 + 2 + 2 = 7
 3  3  1 | 3 + 3 + 1 = 7
 4  1  2 | 4 + 1 + 2 = 7
 4  2  1 | 4 + 2 + 1 = 7
 5  1  1 | 5 + 1 + 1 = 7
```

僕「できたね」

ユーリ「あー、もー、大変大変大変！」

僕「大げさだな。15個あることがわかったね」

> **解答5**(式を満たす組の個数)
> x, y, z を1以上の整数とする $(1, 2, 3, \ldots)$。
> 次の式を満たす (x, y, z) は15個ある。
> $$x + y + z = 7$$

ユーリ「それで? これがどしたの?」

僕「いま表を作ってわかったと思うけど、7という数を x, y, z の3個の変数にどう分配するかを考えたよね」

ユーリ「そーだったね」

僕「そこで、途中に《仕切り板》を入れてみよう。たとえば $1+1+5$ だったら、

のように描くんだよ」

x	y	z	
1	1	5	● | ● | ●●●●●
1	2	4	● | ●● | ●●●●
1	3	3	● | ●●● | ●●●
1	4	2	● | ●●●● | ●●
1	5	1	● | ●●●●● | ●
2	1	4	●● | ● | ●●●●
2	2	3	●● | ●● | ●●●
2	3	2	●● | ●●● | ●●
2	4	1	●● | ●●●● | ●
3	1	3	●●● | ● | ●●●
3	2	2	●●● | ●● | ●●
3	3	1	●●● | ●●● | ●
4	1	2	●●●● | ● | ●●
4	2	1	●●●● | ●● | ●
5	1	1	●●●●● | ● | ●

ユーリ「ほほー……で？」

僕「7個の●が並んでいる。そこに2枚の仕切り板（｜）を入れる。仕切り板を入れる場所は何カ所あるだろう」

ユーリ「●は7個だから、仕切り板を入れる場所は6カ所じゃん。

●1●2●3●4●5●6●

そこに仕切り板を2枚……あっ！」

僕「気付いた？」

ユーリ「6カ所のうちどこに2枚の仕切り板を入れるかってゆーのは、6個から2個を選ぶ組み合わせになる！」

僕「その通り。そしてそれが (x, y, z) の数になる」

ユーリ「うん！ $\binom{6}{2} = \frac{6 \times 5}{2 \times 1} = 15$ で、確かに15個！」

僕「だから、これもまた組み合わせの問題」

ユーリ「へー、おもしろいねー。でも《仕切り板を入れる》なんて思いつかないよー」

僕「$1+1+5$ という式を、●｜●｜●●●●● に対応付けるから、自然な話だけどね。一般的に書いたらこうなるよ」

整数 n は 1 以上で、整数 r は 1 以上 n 以下とする。方程式、
$$x_1 + x_2 + x_3 + \cdots + x_r = n$$
を満たす 1 以上の整数の組 $(x_1, x_2, x_3, \ldots, x_r)$ の個数は、
$$\binom{n-1}{r-1}$$
個になる。

僕「さっきは $n=7$ で $r=3$ の場合を考えていたわけだ」

ユーリ「はっ！」

僕「どうした？」

ユーリ「またしても数式を数えてたっ！ さすが数式マニア」

僕「マニアじゃないって」

"一般的に考えないと、夢が広がらない。"

第2章の問題

●**問題 2-1**(階乗)

次の計算をしてください。

① $3!$

② $8!$

③ $\dfrac{100!}{98!}$

④ $\dfrac{(n+2)!}{n!}$ (n は 0 以上の整数)

(解答は p. 273)

●問題 2-2(組み合わせ)

生徒 8 人から、バスケットボールの選手 5 人を選ぶことにします。選び方は何通りありますか。

(解答は p. 274)

●**問題 2-3**（まとまりを作る）

下図のように、円状に並んだ6文字があります。

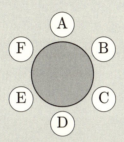

隣り合っている文字同士で1文字以上のまとまりを3個作るとき、作り方は何通りありますか。まとまりの例を以下に示します。

（解答は p. 276）

●問題 2-4（組み合わせ論的解釈）

以下の左辺は「$n+1$ 人から $r+1$ 人を選ぶ組み合わせの数」を表しています。$n+1$ 人のうちの 1 人を《王様》と定めることで、以下の式が成り立つ説明を考えてください。

$$\binom{n+1}{r+1} = \binom{n}{r} + \binom{n}{r+1}$$

ただし、n と r は 0 以上の整数で、$n \geqq r+1$ とします。

（解答は p.277）

付録：階乗・順列・組み合わせ

階乗 n!

0以上の整数 n に対して、

$$n \times (n-1) \times \cdots \times 1$$

を n の **階乗** といい、n! と書く。特に、0! は 1 に等しいと定義する。

順列 $_nP_r$

順列 は、互いに異なる n 個のものから r 個を取り出して一列に並べたものである。順列の個数は、

$$\frac{n!}{(n-r)!} = n \times (n-1) \times \cdots \times (n-r+1)$$

で求められる。特に n = r の場合、順列の個数は階乗 n! に等しい。日本の中学校・高校などでは順列の個数を $_nP_r$ と書くことが多い。

組み合わせ $\binom{n}{r}$, $_nC_r$

組み合わせ は、互いに異なる n 個のものから順序を気にせず r 個をまとめて取り出したものである。組み合わせの個数は、

$$\frac{n!}{r!\,(n-r)!}$$

で求められ、$\binom{n}{r}$ と書く。日本の中学校・高校などでは組み合わせの個数を $_nC_r$ と書くことが多い。

第3章
ヴェン図のパターン

"あなたとわたしの共通点は何か。"

3.1 僕の部屋

ユーリ「ねーお兄ちゃん、何かおもしろいパズルない？」

今日も、ユーリが僕の部屋に遊びに来ている。

僕「そう言われてもなあ……」

ユーリ「ほら、こないだ《ぐるぐるワン》の時計パズル*で、いっしょに遊んだじゃん。あれおもしろかった」

僕「あの時計パズルはユーリが持ってきたんじゃないか」

ユーリ「そーなんだけど、お兄ちゃんがいろいろ説明してくれたから、すっごく楽しかった！」

僕「それはよかった」

ユーリ「それはさておき、パズル！」

---

* 『数学ガールの秘密ノート／整数で遊ぼう』参照。

僕「パズルとはちょっと違うけど……ねえ、ユーリ」

ユーリ「なに？」

僕「数珠順列(じゅずじゅんれつ)って言ってごらん？」

ユーリ「なにそれ」

僕「いいから。数珠順列」

ユーリ「じゅず……じゅんれつ」

僕「5回、続けて言える？」

ユーリ「じゅずじゅんれつ、じゅずじゅんれつ、じゅじゅ……じゅんれつ、ずじゅずんれちゅ、じゅじゅじゅんれちゅ……もう、知らない！ お兄ちゃん、嫌いっ！」

僕「ごめんごめん」

ユーリ「そーゆーんじゃなくて、パズル！」

僕「そうだなあ。だいたい、数字を並べていくとおもしろいことを思いつくものだよ」

ユーリ「そー？」

僕「たとえば、こんなふうに時計を描いてみよう」

ユーリ「針がないから時計に見えない」

僕「まずは数字だけ——それで、と」

ユーリ「わくわく」

僕「いや、ユーリも考えるんだよ……」

ユーリ「だって、なに考えていいのかわかんないもん」

僕「何でもいいんだよ。そうだなあ……じゃ、たとえば、こんなふうに数字に枠(わく)を付けてみようか」

98   第3章　ヴェン図のパターン

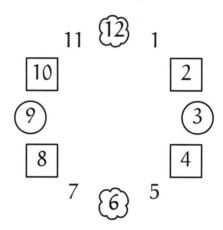

ユーリ「ははーん、上下左右対称に同じ形の枠を付けたの？」

僕「いや、そういうつもりはなかったんだけど」

ユーリ「へ？　じゃあ、どーゆーつもり？」

僕「倍数ごとに形を変えただけだよ」

ユーリ「ふーん、なるほど。□（しかく）は2の倍数で、○（まる）は3の倍数で、♡（もくもく）は6の……あれ、おかしいよ。だって、6は2の倍数なのに□になってない！」

僕「お、ちゃんとチェックするなあ。倍数ごとに形を変えたというのは不正確だったね。こんなふうに形を分けたんだ」

- □は、2の倍数だけど、3の倍数じゃない数。
- ○は、3の倍数だけど、2の倍数じゃない数。
- ♡は、6の倍数。
- 枠なしは、それ以外の数。

ユーリ「うわー……ややこしい！」

僕「そんなことないよ。ややこしく聞こえるけど、要するにね、《2の倍数か》と《3の倍数か》で分けているんだよ。こう言い換えるともっとすっきりするかな」

- □は、《2の倍数である》かつ《3の倍数でない》数。
- ○は、《2の倍数でない》かつ《3の倍数である》数。
- ❀は、《2の倍数である》かつ《3の倍数である》数。
- 枠なしは、《2の倍数でない》かつ《3の倍数でない》数。

ユーリ「かえって、ややこしくなった！」

僕「そんなことないって」

ユーリ「**かつ**ってゆーのは何？」

僕「『AかつB』っていうのは、『Aでもあるし、Bでもある』という意味だよ」

ユーリ「ふーん……」

僕「たとえば、

　　　《2の倍数である》かつ《3の倍数である》数

っていうのは、

　　　《2の倍数でもあるし、3の倍数でもある》数

のこと。つまり、6の倍数だね」

ユーリ「ほほー」

僕「1以上12以下の整数は、この4種類のどれかに分類される

ね。もれもないし、だぶりもない」

ユーリ「ふんふん……まーでも、やっぱりややこしーよね」

僕「うん、じゃあね、この 12 個の数を**ヴェン図**に描いてみよう」

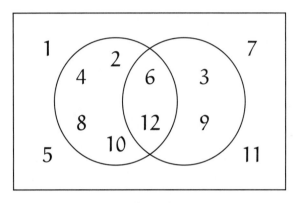

ヴェン図

ユーリ「これ、見たことある」

僕「たくさんのものを集めたときにヴェン図を描くと、集まり同士の関係がわかりやすくなるね。**集合の包含関係**を表す図だ」

ユーリ「ほーがんかんけー？」

僕「そうそう。包含の『包』は『つつむ』という字で、『含』は『ふくむ』という字だよ。ある集合が他の集合をどんなふうに含んでいるかという関係が包含関係」

ユーリ「この左側の丸の中は 2 の倍数でしょ？」

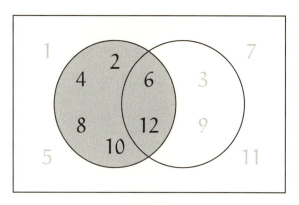

2の倍数

僕「そうだね。1から12までの整数のうち、2の倍数を左の円の中に入れて表している。2, 4, 6, 8, 10, 12の6個だね」

ユーリ「そんで、右側の丸は3の倍数だよね？」

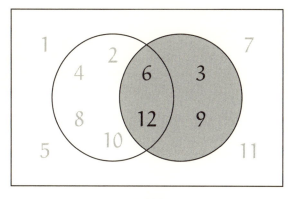

3の倍数

僕「そう。3 の倍数は 3, 6, 9, 12 の 4 個。1 から 12 まででね」

ユーリ「真ん中の重なったところが 6 の倍数！」

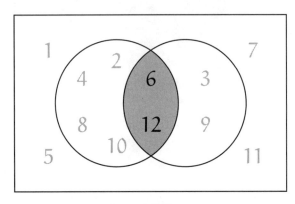

6 の倍数

僕「その通り。この重なったところを、2 つの集合の**共通部分**と呼んだり、**交わり**と呼んだりするよ」

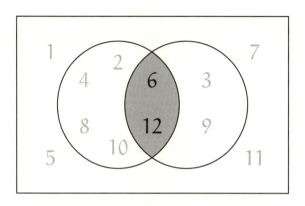

**2 の倍数の集合と、3 の倍数の集合の共通部分
（交わり）**

ユーリ「アーモンドみたいな形になるね」

僕「そうだね。でも、ヴェン図で形は気にしないんだ」

ユーリ「ふーん」

僕「そのアーモンド……《2 の倍数の集合》と《3 の倍数の集合》との共通部分は、《2 の倍数である》かつ《3 の倍数である》数の集合ということになるね」

104　第3章　ヴェン図のパターン

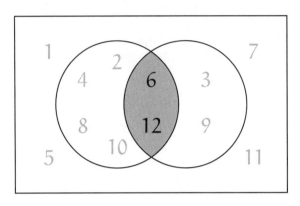

《2 の倍数である》かつ《3 の倍数である》数の集合

ユーリ「そりゃそーだ。当たり前じゃん」

僕「じゃあ、これはどんな数？」

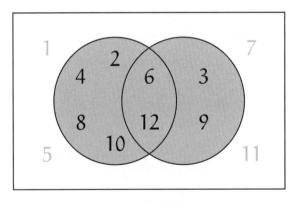

これはどんな数？

ユーリ「えーとねー。2 の倍数と 3 の倍数を合わせたの」

僕「そうだね。これは 2 つの集合の **和集合** と呼んだり、**結び** と呼んだりする」

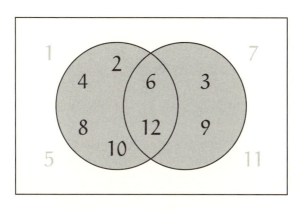

**2 の倍数の集合と、3 の倍数の集合の和集合
(結び)**

ユーリ「カンタンカンタン！」

僕「この和集合は、《2 の倍数である》または《3 の倍数である》数の集合になるよね。『A または B』っていうのは、『少なくとも A と B のどちらか片方』という意味だよ。《少なくとも》だから、『A または B』は A と B の両方でもいい」

ユーリ「要するにどっちでもいいってことでしょ？」

僕「そうだね」

共通部分（交わり）

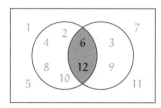

- 《2 の倍数の集合》と《3 の倍数の集合》の共通部分（交わり）
- 《2 の倍数である》かつ《3 の倍数である》数の集合

和集合（結び）

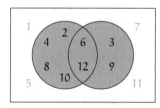

- 《2 の倍数の集合》と《3 の倍数の集合》の和集合（結び）
- 《2 の倍数である》または《3 の倍数である》数の集合

ユーリ「ふんふん」

僕「じゃあ、ここで**クイズ**だよ。これはどんな数の集合?」

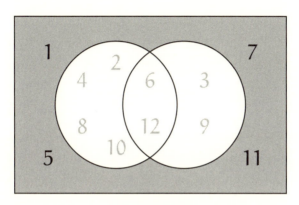

どんな数の集合?

ユーリ「2 の倍数でもないし、3 の倍数でもない数」

僕「そうだね。言い換えると、
《2 の倍数でない》かつ《3 の倍数でない》数の集合
になる」

ユーリ「ほほー、なるほどね」

僕「この 2 つの図、並べてみるとおもしろいよ」

図 A. 《2 の倍数である》または《3 の倍数である》数

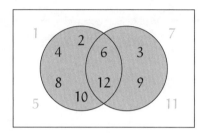

図 B. 《2 の倍数でない》かつ《3 の倍数でない》数

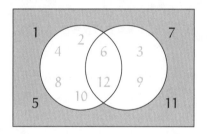

ユーリ「あ！ ひっくり返ってる！」

僕「そうだね。図 A で色が付いているところは図 B では色が付いていないし、図 A で色が付いていないところは図 B では色が付いている。ちょうど反対になっている」

ユーリ「そーだね」

僕「これを**補集合**って呼ぶんだよ。図 A の補集合が図 B で、図 B の補集合が図 A」

ユーリ「ほしゅうごう？」

僕「ある集合の補集合っていうのは、**全体集合**からその集合の要素を取り除いた集合のこと。いまは 1 から 12 までの整数を全体集合として考えていることになる」

ユーリ「ふーん……」

僕「あ、おもしろい**問題**を思いついたよ」

ユーリ「なになに？」

僕「ヴェン図でいろんなパターンが作れることがわかった。2 の倍数、3 の倍数、共通部分、和集合、補集合……」

ユーリ「ま、そーだね」

僕「いままで見つけたのは、何個あった？」

ユーリ「えーと、5 個くらい？」

僕「全部でいったい何個のパターンがあると思う？」

110 第3章 ヴェン図のパターン

問題1(ヴェン図)
これまでに次の5個のパターンを見つけた。全部で何個のパターンがあるか。

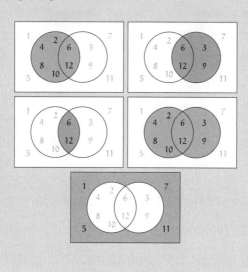

ユーリ「たぶん8個じゃない?」

僕「おいおい、どうしてそう思ったの」

ユーリ「何となく。偶数になりそうだって思ったから」

僕「いいかげんだなあ……」

ユーリ「わかったよー。ちゃんと考えればいーんでしょ?」

僕「素直だなあ……」

ユーリ「まずね、ユーリ気付いてたことがあるんだ」

僕「というと?」

ユーリ「ほらさっき、お兄ちゃんが**補集合**のこと話してたじゃん。だからね、ひっくり返すパターンが必ずあるの」

僕「賢いなあ!」

ユーリ「まず《2の倍数の集合》の補集合」

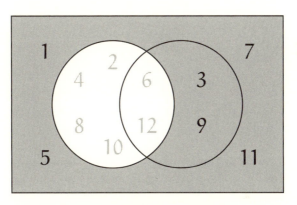

《2の倍数の集合》の補集合

僕「うん、これは奇数の集合だね」

ユーリ「それから《3の倍数の集合》の補集合も作れる」

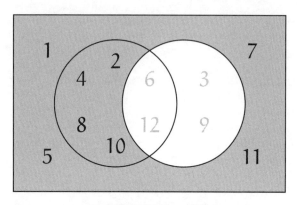

《3の倍数の集合》の補集合

僕「いいぞ！ これは、3で割り切れない数だね」

ユーリ「それから《6の倍数の集合》の補集合。アーモンドをひっくり返したの！」

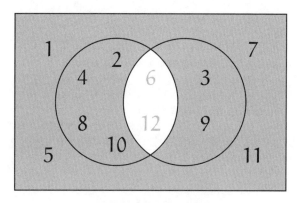

《6の倍数の集合》の補集合

僕「これで 8 個になったな」

ユーリ「ね！ だから言ったでしょ？ 8 個だって」

僕「おいおい。他にはもうないって？」

ユーリ「あるの？」

僕「降参するなら答えを言おうかな……」

ユーリ「待って！ 待ってよ！ 考えるから」

　ユーリは図をじっと見つめて他のパターンを探し始めた。彼女の栗色の髪が金色に輝く。僕は、彼女の答えを静かに待つ。

僕「……」

ユーリ「わかった！ 三日月がある！」

僕「見つけた？ それはどういう数？」

ユーリ「えーとねー。2 の倍数だけど 6 の倍数じゃない数」

僕「《2 の倍数である》かつ《3 の倍数でない》数ともいえるね」

ユーリ「そだね」

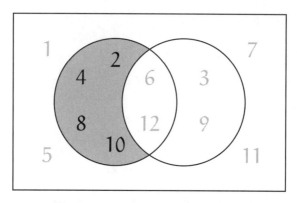

《2 の倍数である》かつ《3 の倍数でない》数の集合

僕「これで終わり？」

ユーリ「もちろん、違う！　これの補集合があるもん！」

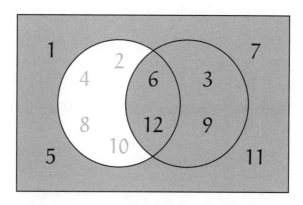

《2 の倍数である》かつ《3 の倍数でない》数の集合……
の補集合

僕「それは《2 の倍数でない》または《3 の倍数である》数だね」

ユーリ「え！ そうなる？ 2 の倍数ではない……または……3 の倍数である……あ、そっか。2 の倍数を入れないなら 6 の倍数もアウト！と思ったけど、3 の倍数だからセーフ！ってことだね」

僕「そうそう、よくわかってるなあ」

ユーリ「ここまでで 10 個だね。まだあるの？」

僕「それは、降参ということかな？」

ユーリ「むー……あ！ まだあるよ。だって、今度は 3 の倍数でさっきと同じことやればいいんだもん。右にある三日月。これでパターンが追加 2 個、合計 12 個！」

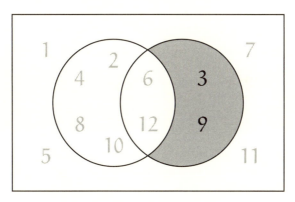

《2 の倍数でない》かつ《3 の倍数である》数の集合

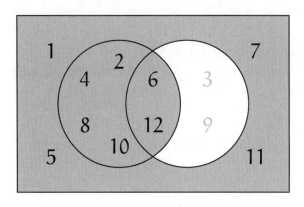

《2 の倍数でない》かつ《3 の倍数である》数の集合
……の補集合

僕「よく見つけるなあ」

ユーリ「ふふん。まだまだ見つけるよー！」

僕「まだまだあるのかな」

ユーリ「まだまだ……あるのかな？」

僕「どうかな」

ユーリ「……わかった！！ 三日月を 2 つ使えばいい！」

僕「見つけたね！ ……じゃあ、**クイズ**だ。この集合はどんな数の集合だといえる？」

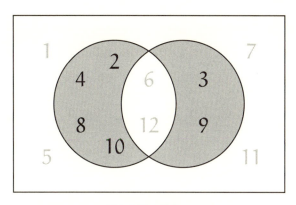

どんな数の集合？

ユーリ「えっとね、《2の倍数だけど3の倍数じゃない》または《2の倍数じゃないけど3の倍数である》……っていう数の集合？ うわ、ややこしー！」

僕「でも合ってるよ。
《2の倍数である》かつ《3の倍数でない》
または
《2の倍数でない》かつ《3の倍数である》
ということだね」

118　第3章　ヴェン図のパターン

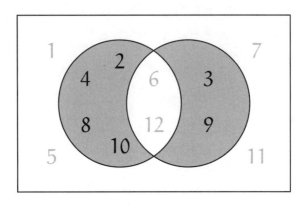

**《2 の倍数である》かつ《3 の倍数でない》
または
《2 の倍数でない》かつ《3 の倍数である》
……という数の集合**

ユーリ「いまので 13 個目。それから、いまの集合の補集合も数えなくちゃ。これで 14 個目！」

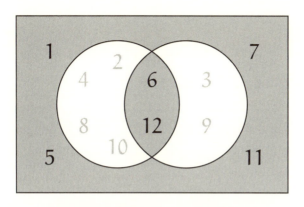

《2 の倍数である》かつ《3 の倍数でない》
または
《2 の倍数でない》かつ《3 の倍数である》
という数の集合……の補集合

僕「いまのは、こういったほうがわかりやすいかも。つまり、
《2 の倍数である》かつ《3 の倍数である》
または
《2 の倍数でない》かつ《3 の倍数でない》
ということ」

ユーリ「そっか……」

僕「これで終わり?」

ユーリ「え! まだあんの? もう、14 個も見つけたんだよ」

僕「それは降参ということかな?」

ユーリ「待ってよ! だって、全部見つけたんだったら降参もなにもないじゃん! もういいっ! パターンは 14 個で全部!」

僕「惜しい。もう2個パターンが残ってるんだよ」

ユーリ「え、うそ! もうないよ! じゃあ描いてみてよ」

僕「**全体集合**がある。これが15個目」

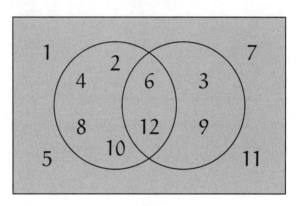

全体集合

ユーリ「うわー、そっかー!」

僕「そして全体集合の補集合が16個目。**空集合**と呼ぶね」

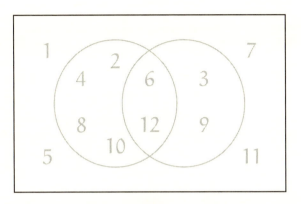

空集合

ユーリ「《何もない》って集合もアリなんだ！」

僕「これですべて。パターンは全部で 16 個でした」

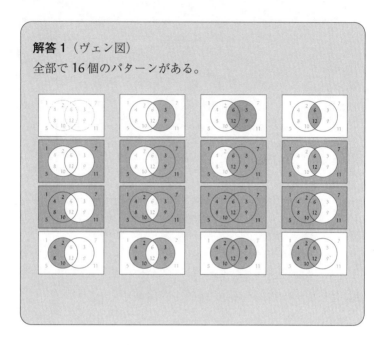

解答1（ヴェン図）
全部で16個のパターンがある。

ユーリ「くやしーなー」

僕「そう？ ユーリはよく見つけたと思うよ」

ユーリ「その《上から目線》がくやしー……待って！ 実は16個より多いんじゃないの？」

僕「いや、ないよ。これで全部」

ユーリ「何で言い切れんの？ まだ見つけてないだけかもしんないじゃん！」

僕「言い切れるんだよ、ユーリ。ヴェン図をパーツに分解してみればわかる。ちょうど切り紙細工をするようにね」

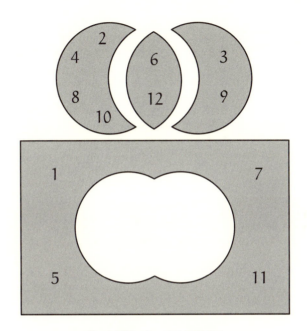

ヴェン図をパーツに分解する

ユーリ「これで何がわかんの？」

僕「ここには4個のパーツがある」

- ◐ 左の三日月
- ◑ 右の三日月
- ◉ アーモンド
- ● 外枠

ユーリ「うん」

僕「ヴェン図で作ることができるパターンというのは、どんなに

複雑なパターンでも、この 4 個のパーツのうち、どれを《使う》かと、どれを《使わない》かで決まる」

ユーリ「うん？」

僕「4 個のパーツから好きなものを選んで、その和集合でパターンを作ることになるからね。たとえば、

の和集合は、

になるよね」

ユーリ「……」

僕「どのパーツを使うかでパターンが決まるわけだよ。

- 左の三日月 を《使う》か《使わない》か 2 通りある。そのそれぞれに対して……
- 右の三日月 を《使う》か《使わない》か 2 通りある。そのそれぞれに対して……
- アーモンド を《使う》か《使わない》か 2 通りある。そのそれぞれに対して……
- 外枠 を《使う》か《使わない》か 2 通りある。

ということ」

ユーリ「そっか！ $2 \times 2 \times 2 \times 2$ なんだね！」

僕「その通りだよ、ユーリ。4 個のパーツがあるから、4 個の 2 を

掛けることになる。そして計算結果は 16 になる」

ユーリ「だから、16 個のパターンになる。それ以外は絶対ない！」

僕「そう！」

ユーリ「そっかー……くやしいけど、納得」

僕「16 個のパターンは、こんな表にできるね」

	◐	◐	◐	●	
0	《使わない》	《使わない》	《使わない》	《使わない》	○
1	《使わない》	《使わない》	《使わない》	《使う》	●
2	《使わない》	《使わない》	《使う》	《使わない》	◐
3	《使わない》	《使わない》	《使う》	《使う》	◐
4	《使わない》	《使う》	《使わない》	《使わない》	◐
5	《使わない》	《使う》	《使わない》	《使う》	◐
6	《使わない》	《使う》	《使う》	《使わない》	◐
7	《使わない》	《使う》	《使う》	《使う》	◐
8	《使う》	《使わない》	《使わない》	《使わない》	◐
9	《使う》	《使わない》	《使わない》	《使う》	◐
10	《使う》	《使わない》	《使う》	《使わない》	◐
11	《使う》	《使わない》	《使う》	《使う》	◐
12	《使う》	《使う》	《使わない》	《使わない》	◐
13	《使う》	《使う》	《使わない》	《使う》	◐
14	《使う》	《使う》	《使う》	《使わない》	◐
15	《使う》	《使う》	《使う》	《使う》	●

ユーリ「あれ？ どうして 1 から 16 じゃなくて 0 から 15 なの？」

僕「表に書いた数？ 《使う》を 1 だと思って、《使わない》を 0 だと思うと、ちょうど 0 から 15 までを 2 進数で表記したのと同じになるからだよ。合わせたんだ」

10進数	2進数	◐	◐	◐	◉	
0	0000	0	0	0	0	◯
1	0001	0	0	0	1	◐
2	0010	0	0	1	0	◐
3	0011	0	0	1	1	◐
4	0100	0	1	0	0	◐
5	0101	0	1	0	1	◉
6	0110	0	1	1	0	◐
7	0111	0	1	1	1	◐
8	1000	1	0	0	0	◐
9	1001	1	0	0	1	◐
10	1010	1	0	1	0	◐
11	1011	1	0	1	1	◐
12	1100	1	1	0	0	◐
13	1101	1	1	0	1	◐
14	1110	1	1	1	0	◐
15	1111	1	1	1	1	◉

ユーリ「へ、へえ……こんなとこに 2 進数なんて出てくるんだ！*」

僕「数学は、全部つながっているから」

ユーリ「それ、ミルカさまの受け売りだね！」

僕「別に受け売りってわけじゃないんだけど」

3.2 集合

ユーリ「突然 2 進数が出てくるって、おもしろいにゃ」

＊ 2 進数については『数学ガールの秘密ノート／整数で遊ぼう』も参照。

僕「だよね。《集合》はいろんな分野の土台になっているし」

ユーリ「いろんな分野って?」

僕「たとえば幾何学。数学の幾何学では、直線や円のような図形を扱うよね」

ユーリ「三角形とか?」

僕「そうそう。図形は《点》が集まったものと見なすことができる。つまり《図形は点の集合》ということ」

ユーリ「ほーほー、なるほど。それで?」

僕「だから、集合の考え方を使って、図形を扱うことができる」

ユーリ「あんましピンと来ない」

僕「そう? たとえば、**球面**を考えたとする。ボールの表面を想像すればいいよね。シャボン玉の表面でもいい」

ユーリ「きゅうめん? いいよ」

僕「それを**平面**で切ったとしよう。大きな包丁でさくっと」

ユーリ「ぱぁん!」

僕「うわ! 急に大声出すなよ」

ユーリ「だってボールに包丁入れたら破裂するし」

僕「あ……まあね。ボールはたとえだよ。スイカにすればよかったのか。ともかく、球面を平面で切ると、その断面は**円**になる。わかる?」

ユーリ「わかるよん」

僕「その円は、《球面を作っている点の集合》と《平面を作っている点の集合》の2つの集合の《共通部分》になるわけだ」

ユーリ「あ、共通部分!」

僕「そう。《球面を作っている点であり》かつ《平面を作っている点でもある》……そんな点の集合のこと」

ユーリ「わざわざ、めんどくさく説明してるよーな……あれ?」

僕「どうした?」

ユーリ「その話、変だよ」

僕「?」

ユーリ「お兄ちゃんはいま、《球面を作っている点の集合》と《平面を作っている点の集合》の《共通部分》は円になるっていってたけど、円にならないときもあるよね。なんてゆーか、こう……ぎりぎりピタッと」

僕「そうだね! ユーリは球面と平面が**接する**ときのことを言ってるんだね。ユーリは賢いなあ。球面が平面に接しているときは、共通部分はたった一点からなる集合になるね。その一点は**接点**になる」

ユーリ「でしょー? だから円になるときもあるけど、点になるときもあるよね?」

僕「そうそう。まあ、一点を《半径が0の円》と見なして、も……」

ユーリ「お兄ちゃん、どしたの。顔赤くして」

僕「いや、何でもないよ。一点を《半径が0の円》と見なすこともできるけどね」

ユーリ「あと、空振りするときもある」

僕「空振りって？」

ユーリ「ほら、スイカを切ろうとしたけど、包丁空振りでスカッと」

僕「そうだね。球面と平面の共通部分が**空集合**になるときだね」

ユーリ「あ、そっか。そー言えるんだ」

僕「こんなふうに、数学のいろんな概念は、集合の言葉で表現できるんだよ」

3.3 数を求める

ユーリ「ところでさ、お兄ちゃん。さっきヴェン図のパターンをたくさん数えたじゃん？」

僕「そうだね」

ユーリ「小学校のとき、あれで、別な計算したことある」

僕「どういう計算？」

ユーリ「あのね、チョコとクッキーの好きな人の数の問題。たとえば、こんな感じの問題」

130　第3章　ヴェン図のパターン

> **問題2**（チョコとクッキー）
> 教室にいる 30 人の生徒にチョコとクッキーの好き嫌いを聞いたところ、全員が好きか嫌いかのどちらかを答えてくれました。
>
> - チョコが好きな人は 21 人いました。
> - クッキーが好きな人は 14 人いました。
> - どちらも嫌いな人は 5 人いました。
>   （どちらも嫌いなんて、信じらんない！）
>
> チョコとクッキーの両方が好きな人は何人いますか。

僕「なるほど、なるほど……」

ユーリ「えっと、いま適当に作ったんだけど、お兄ちゃんわかる？」

僕「わかるよ。図を描いて考えればわかりやすいけど……《教室にいる人の集合》と《チョコ好きの集合》と《クッキー好きの集合》をこんなふうに描く。ヴェン図だね」

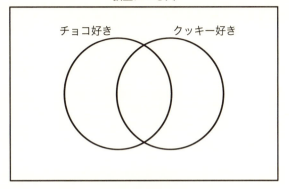

ヴェン図を描いた

ユーリ「ふんふん」

僕「この問題文からわかるのは、こうだね」

(a) 教室にいる人は 30 人

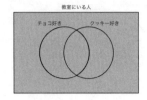

(b) チョコ好きは 21 人

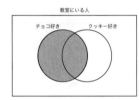

(c) クッキー好きは 14 人

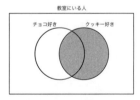

(d) どちらも嫌いな人は 5 人

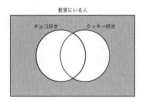

ユーリ「そーだね」

僕「チョコ好き（21人）と、クッキー好き（14人）と、どちらも嫌い（5人）を足すと、21 + 14 + 5 = 40 になって、教室にいる人（30人）を10人も超えてしまう。なぜ超えてしまうかというと……」

ユーリ「両方好きな人をだぶって数えてるから！」

僕「そうそう。その超えた10人がちょうど両方好きな人になるんだね」

解答2（チョコとクッキー）
チョコとクッキーの両方が好きな人は10人です。

ユーリ「小学生のとき、ユーリ、すごく納得いかなかった」

僕「何が？」

ユーリ「あのね。先生が『チョコ好きな人』って言ったんだけど、ほんとは『チョコ好きの中にはクッキーが好きな人もいるかもしれないよ』って言ってほしかったの」

僕「なるほど」

ユーリ「『チョコ好きな人』のことを『チョコ**だけ**が好きな人』だと勘違いしちゃった」

僕「言葉だけで説明するとまちがえやすいね、確かに」

ユーリ「ていねいに教えてくれると思ってたのに、なんだか引っ掛けられたような気持ちになったの。かっこいい先生だったのに、すんごくがっかりした」

僕「それは——ごめんな、ユーリ」

ユーリ「なんで、お兄ちゃんがあやまんの？」

僕「いや、なんとなく」

ユーリ「……ま、いーや！ とにかく、こーゆー集合の問題ではヴェン図を考えればまちがえないんだっ！」

僕「そうだね……そうか」

ユーリ「どしたの？」

僕「いや、ユーリがいうのは正しい。とても正しい。いま、集合に属する要素を数えたんだけど、そういうときにヴェン図を描いて考えるのはとても正しい態度だよ」

ユーリ「え、だからそーゆー話、してたんだよね？」

僕「お兄ちゃんが考えてたのは、それを数式で書く方法について」

ユーリ「？」

3.4 数式で書く

僕「つまりね、全体の人数、チョコ好きの人数、クッキー好きの人数、チョコとクッキーの両方が好きな人数、両方とも嫌いな人数……その人数同士の関係は**一般的に数式で書ける**なあ

と考えてたんだよ」

ユーリ「なに言ってるかわかんない」

僕「こういう数式のこと」

《全体の人数》＋《両方が好きな人数》
　＝《チョコ好きの人数》＋《クッキー好きの人数》＋《両方とも嫌いな人数》

ユーリ「え？」

僕「いや、こう書いたほうが自然かなあ」

《全体の人数》−《両方とも嫌いな人数》
　＝《チョコ好きの人数》＋《クッキー好きの人数》−《両方が好きな人数》

ユーリ「全体から両方嫌いな人数引いて……うわめんどくさい」

僕「いやいや、ちゃんと読んでほしいな」

ユーリ「はいはいっと。全体から両方嫌いな人数を引いたのは……うん、なるほど、そっか《チョコとクッキーとどっちかは好きな人数》てこと？」

僕「そうだね」

ユーリ「で、それはチョコ好きとクッキー好きを足してから、両方好きを引いた数……あったりまえじゃん！」

僕「だよね。当たり前だ」

ユーリ「これって、あれでしょ？　丸いの2つ足しておいて、重

なったアーモンド部分を引いたんでしょ？」

僕「そうそう、よく分かってるね」

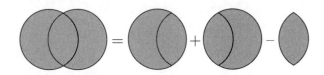

《チョコとクッキーの少なくとも片方が好きな人数》
＝《チョコ好きの人数》＋《クッキー好きの人数》−《両方が好きな人数》

ユーリ「カンタン、カンタン……お兄ちゃんって数式好きだね」

僕「数式で書けると、《確かにわかった》って、安心するんだ」

ユーリ「ふーん」

3.5 文字と記号

僕「でもね、さっきの式はまだ言葉を使っていたから、長ったらしくなっているよね。**文字と記号**を使って書けば、ずっと短く書ける」

ユーリ「へー、たとえば？」

僕「《チョコ好きの集合》を A として、《クッキー好きの集合》を B と書く。これは文字を使って表したわけだね」

ユーリ「あははっ、そりゃ短くなるよね。一文字だもん」

僕「それから、A にも B にも属している要素の集合……つまり、《A と B の共通部分》のことを、A∩B と書くんだ」

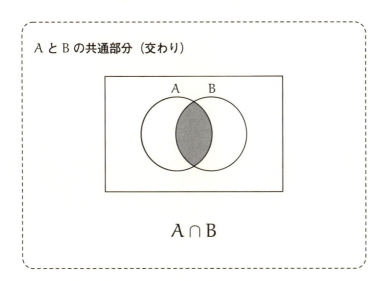

A と B の共通部分（交わり）

A∩B

ユーリ「あ、これ、どっかで見たことある。お兄ちゃんが前に教えてくれたんだっけ？」

僕「そうだったかな」

ユーリ「すっごくまぎらわしーんだよ、この記号」

僕「《A と B の共通部分》は A∩B と書いて、《A と B の和集合》のことは A∪B と書くことにしよう」

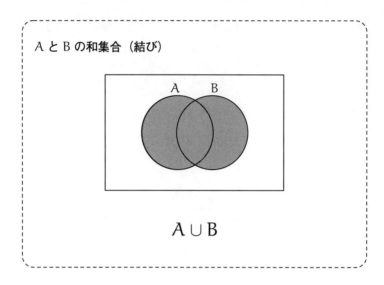

ユーリ「ほらきた。まぎらわしーんだよね。∩だか∪だか」

僕「そう？ ほら和集合を作るこの記号∪はカップみたいな形をしてるよね。AとBを合わせてたっぷりすくい上げるって覚えればいいよ」

ユーリ「AとBを合わせてすくい上げるカップ……ふーん」

僕「何回か書いていると、すぐに慣れるし」

ユーリ「そーゆーもん？」

僕「そういうもの。あとは補集合だよね。集合Aの補集合は、$\overline{A}$と書く」

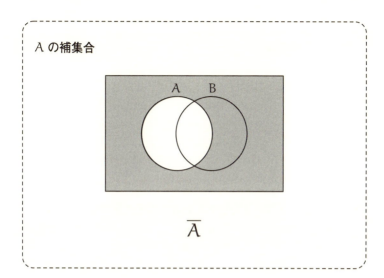

Aの補集合

$\overline{A}$

ユーリ「へー」

僕「Aの補集合っていうのは、全体集合からAの要素を除いた集合だね。この図では全体集合を四角で囲って表しているから、Aの部分がすっぽり抜けることになる」

ユーリ「そだね」

僕「要素の個数も式で書けるよ。集合Aに属している要素数は $|A|$ と書くんだ」

集合 A の要素数

$$|A|$$

ユーリ「A の要素数って……チョコ好きの人数のこと？」

僕「そう。《チョコ好きの集合》を A で表したとき、《チョコ好きの人数》を $|A|$ と書く約束にする。A は集合で、$|A|$ は数を表しているんだよ」

ユーリ「めんどくさいね」

僕「最初はね。でも、こういうふうに約束しておけば、後がすごく楽になる。複雑なことも短く表せるから。めんどくさくなくなるんだよ」

ユーリ「へー」

僕「たとえば《A と B の和集合》の要素数は $|A \cup B|$ と書ける」

$|A \cup B|$　《A と B の和集合》の要素数

ユーリ「あ、それでいーんだ」

僕「だから、さっきの《チョコとクッキーの少なくとも片方が好きな人数》の式は、ズバリ、こう書ける。この関係式は**包除原理**（ほうじょげんり）というときもあるよ」

集合の要素数の関係式（包除原理）

$$|A \cup B| = |A| + |B| - |A \cap B|$$

ユーリ「ほほー。にゃるほど。両方足しておいて、重なったところを引く……そーだね！」

僕「ねえ、ユーリ」

ユーリ「何？」

僕「言葉でくどくど書くより、数式のほうがずっと短く書けると思わない？」

ユーリ「うーん……短く書けるけど、でもわかりにくいよー」

僕「記号に慣れないといけないからね。じゃ、**問題**だよ。正しいものをすべて選ぼう」

問題3（集合の要素数）
正しいものをすべて選ぼう。ただし、集合の要素数はすべて有限個とする。
(1) どんな集合 A に対しても、
$$|A| \geqq 0$$
が成り立つ。
(2) どんな集合 A と B に対しても、
$$|A \cap B| \leqq |A|$$
が成り立つ。
(3) どんな集合 A と B に対しても、
$$|A \cup B| \geqq |A|$$
が成り立つ。
(4) どんな集合 A と B に対しても、
$$|A \cup B| \leqq |A| + |B|$$
が成り立つ。

ユーリ「……」

　僕が問題を出したとたん、ユーリのモードが切り替わった。急速思考モードだ。口を閉じ、真剣な顔。栗色の髪が金色に輝く。いつもの軽口を叩いているユーリとはちょっと違う。僕は黙って、彼女のモードが再び切り替わるのを待つ。

僕「……」

ユーリ「……ねえ、お兄ちゃん」

僕「何?」

ユーリ「もしかしてだけど、……これって (1) から (4) まで、全部正しいんじゃないの?」

僕「はい、正解。これはすべて正しいよ」

ユーリ「やっぱり!」

> **解答3**（集合の要素数）
> 以下の (1) から (4) まで、すべて正しい。
> (1) どんな集合 A に対しても、
>
> $$|A| \geqq 0$$
>
> が成り立つ。
> (2) どんな集合 A と B に対しても、
>
> $$|A \cap B| \leqq |A|$$
>
> が成り立つ。
> (3) どんな集合 A と B に対しても、
>
> $$|A \cup B| \geqq |A|$$
>
> が成り立つ。
> (4) どんな集合 A と B に対しても、
>
> $$|A \cup B| \leqq |A| + |B|$$
>
> が成り立つ。

僕「どう？ 記号には慣れた」

ユーリ「カンペキだよ！」

僕「慣れるの早いな」

ユーリ「でも、やっぱり頭の中ではヴェン図で考えてるけど」

僕「あ、それはそれでいいんだよ」

ユーリ「この問題の (1) は当たり前だよね。個数は 0 以上だもん」

$$|A| \geqq 0$$

僕「そうだね」

ユーリ「(2) も当たり前。だって、2 つの共通部分なんだから」

$$|A \cap B| \leqq |A|$$

僕「そうそう。$|A \cap B|$ は、A に属していてしかも B にも属している要素の数だから、A に属している要素の数、つまり $|A|$ 以下になるはず」

ユーリ「(3) も当たり前。だって、他のも合わせるんでしょ？」

$$|A \cup B| \geqq |A|$$

僕「そうだね。$|A \cup B|$ は、A と B の少なくとも片方に属している要素の数だから、少なくとも $|A|$ は必ずある。つまり $|A|$ 以上になる」

ユーリ「(4) も当たり前。だって……だって、当たり前だもん」

$$|A \cup B| \leqq |A| + |B|$$

僕「(4) は、さっきの式、$|A \cup B| = |A| + |B| - |A \cap B|$ からすぐにわかるよ。右辺の $|A \cap B|$ という 0 以上の数を引くのをやめればいいから」

ユーリ「結局、全部当たり前じゃん！」

僕「そうそう。記号に慣れさえすれば、《チョコとクッキーの両方が好きな人数》を考えるのと同じ感覚で、$|A \cap B|$ を考えることができる。そこまで慣れれば、一見むずかしそうに見える

数式も、実は当たり前のことをいってることがよくわかる」

ユーリ「ふんふん」

僕「だから、難しそうな数式でもこわがらなくていいんだよ」

ユーリ「ユーリは数式こわがってないよ！ ただ、ちょっと、ときどき、たまに、めんどいなって思うだけじゃん」

僕「はいはい、そうだね」

ユーリ「んー、でも、あったりまえすぎて物足りないにゃ。これじゃクイズにもならんよ」

僕「偉そうだな。それなら……こんな問題」

問題4（包除原理）
2個の集合 A と B について、以下の《包除原理》が成り立つ。
$$|A \cup B| = |A| + |B| - |A \cap B|$$
これを3個の集合 A, B, C に拡張せよ。

ユーリ「え……これ、どーゆー意味？ 拡張？」

僕「だからね、集合 A, B, C の3個を考えたとき、$|A \cup B \cup C|$ を計算する式を考えてみようということ」

ユーリ「そーゆーことか……え、それ、めちゃくちゃ大変じゃん！」

僕「え、そうかな。『あったりまえすぎて物足りない』というユー

リにはちょうどいいと思うよ」

ユーリ「くっ……わかったよー。考えますよー」

そしてユーリは再び思考モードへ突入……

僕「……わかった?」

ユーリ「たぶん」

僕「どんな式ができた?」

ユーリ「まちがってるかもだけど」

僕「いいよ、いいよ。どう?」

ユーリ「こんな式になった」

ユーリの解答

$$|A \cup B \cup C| = |A| + |B| + |C|$$
$$- |A \cap B| - |A \cap C| - |B \cap C|$$
$$+ |A \cap B \cap C|$$

僕「これは、どんなふうに考えたの?」

ユーリ「あのね、やっぱりヴェン図なんだよ。$|A \cup B \cup C|$っていうのはディズニーのミッキーみたいな形の要素数でしょ?」

$|A \cup B \cup C|$ は $A \cup B \cup C$ の要素数

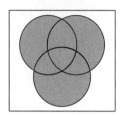

僕「ミッキーって……」

ユーリ「それを作ればいいんだけど、まず A と B と C の数を足していくと $|A|+|B|+|C|$ なの」

$|A|+|B|+|C|$ は、集合 A, B, C の要素数の和

 + +

僕「うんうん」

ユーリ「でも、それだと**足しすぎ**なんだよ。だって、重なっているところまで足しちゃうから。だから、3つのアーモンド部分を引くの……それが $|A \cap B|$ と $|A \cap C|$ と $|B \cap C|$ を3つ足したものを引くの」

$|A \cap B| + |A \cap C| + |B \cap C|$ は、集合 $A \cap B, A \cap C, B \cap C$ の要素数の和

 + +

僕「いいねえ」

ユーリ「でも、今度はそこまで引くと**引きすぎ**なの。なんでかっていうと、今度は3つのアーモンドが重なってる、三角形がなくなっちゃうから。3つの丸が重なってできたところから3つのアーモンドを引いたから、何もなくなる。だから、そこを1個分だけ戻して……それが $|A \cap B \cap C|$」

|A ∩ B ∩ C| は、集合 A ∩ B ∩ C の要素数

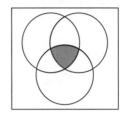

僕「すごい！ 完璧だね、ユーリ！」

ユーリ「え、これで合ってるの？」

僕「合ってるよ。ユーリの説明もしっかりしてるし。完璧だよ」

解答 4(包除原理)

3 個の集合 A, B, C について、以下の《包除原理》が成り立つ。

$$|A \cup B \cup C| = |A| + |B| + |C|$$
$$- |A \cap B| - |A \cap C| - |B \cap C|$$
$$+ |A \cap B \cap C|$$

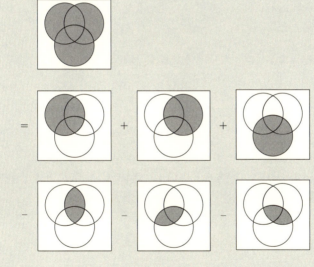

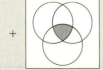

ユーリ「完璧! お兄ちゃん、ユーリね、ヴェン図大好きだよ!」

僕「アーモンドの引き算は**サイクリックな順序**で書いてもいいよ」

$$\cdots - |A \cap B| - |A \cap C| - |B \cap C| \cdots \quad \text{ユーリの解答}$$
$$\downarrow$$
$$\cdots - |A \cap B| - |B \cap C| - |C \cap A| \cdots \quad \text{サイクリックな順序}$$

ユーリ「どゆこと?」

僕「サイクリックな順序だと、$A \to B, B \to C, C \to A$ という具合に、順に回って規則的に見えるだろ。こういう書き方もあるんだよ」

ユーリ「でも、ユーリ、まちがってないでしょ?」

僕「もちろん」

ユーリ「ユーリだって規則的に書いたんだよ。だって……

$$\cdots - |A \cap B| - |A \cap C| - |B \cap C| \cdots$$

っていうのは、$|A \cap B \cap C|$ から順に C と B と A を抜いて作ったんだもん」

僕「なるほど!」

"あなたとわたしの相違点は何か。"

第3章の問題

●**問題 3-1**(ヴェン図)

下図の2つの集合 A, B に対し、
次の式で表される集合をヴェン図で表しましょう。

① $\overline{A} \cap B$
② $A \cup \overline{B}$
③ $\overline{A} \cap \overline{B}$
④ $\overline{A \cup B}$

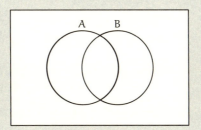

(解答は p. 279)

●問題 3-2（共通部分）

全体集合 U と、2つの集合 A, B を次のように定めた場合、共通部分 A ∩ B はそれぞれどんな集合を表すでしょうか。

①
    U = 《0 以上の整数全体の集合》
    A = 《3 の倍数全体の集合》
    B = 《5 の倍数全体の集合》

②
    U = 《0 以上の整数全体の集合》
    A = 《30 の約数全体の集合》
    B = 《12 の約数全体の集合》

③
    U = 《2 個の実数 x, y の組 (x, y) 全体の集合》
    A = 《$x + y = 5$ を満たす (x, y) の組全体の集合》
    B = 《$2x + 4y = 16$ を満たす (x, y) の組全体の集合》

④
    U = 《0 以上の整数全体の集合》
    A = 《奇数全体の集合》
    B = 《偶数全体の集合》

（解答は p. 282）

●問題 3-3（和集合）

全体集合 U と、2つの集合 A, B を次のように定めた場合、和集合 $A \cup B$ はそれぞれどんな集合を表すでしょうか。

①
  U　=　《0 以上の整数全体の集合》
  A　=　《3 で割ると、余りが 1 になる数全体の集合》
  B　=　《3 で割ると、余りが 2 になる数全体の集合》

②
  U　=　《実数全体の集合》
  A　=　《$x^2 < 4$ を満たす実数 x 全体の集合》
  B　=　《$x \geqq 0$ を満たす実数 x 全体の集合》

③
  U　=　《0 以上の整数全体の集合》
  A　=　《奇数全体の集合》
  B　=　《偶数全体の集合》

（解答は p. 286）

第4章
あなたは誰と手をつなぐ？

"わたしがあなたと手をつなぐなら、あなたもわたしと手をつなぐ。"

4.1 屋上にて

テトラ「先輩！ こちらにいらしたんですね！」

僕「やあ、テトラちゃん（あれ？）」

テトラ「ご一緒してもいいですか？」

　ここは僕の高校。いまはお昼休み。屋上でパンを食べていたら、後輩のテトラちゃんがやってきて、隣に腰を下ろした。

僕「えっと——テトラちゃん、僕を探してた？（前も同じようなことがあったなあ）」

テトラ「え、というか……ふと、屋上に行ってみようかなと」

　（ふと、屋上に……）と僕は考えながらパンをかじる。

僕「この間も屋上でおしゃべりしたよね」

テトラ「え、あ、はい、そうですね」

僕「何だかいつも数学の話になっちゃうけど」

テトラ「数学、楽しいです！ 円順列と数珠順列のお話は、とっても勉強になりました。あの続きで考えていることがあるんですが、聞いていただけますか？」

僕「もちろん、いいよ」

4.2 中華レストランの問題、再び

テトラ「先日、円順列を考えたときは《中華レストランの問題》から始まりました」

僕「ああ、何だっけ、スーザン？」

テトラ「はい、"Lazy Susan" が載っている丸テーブルですよね。あのときは遠くの人と話しにくいから席を代わるということで、人が席に着く**場合の数**を考えたんでした」

僕「うん、そうだったね」

テトラ「あのですね、ちょっと違う問題を思いついたんです。席に着いてから席を変えるのは行儀が悪いので、いったん座ったらもう動かないことにします」

僕「うん」

テトラ「それで、それぞれの人が《必ず誰かと握手する》というのは、いったい何通りあるのかと思ったんです」

僕「誰かと握手する——全員が？」

テトラ「そうです。ひとりぼっちになる人がいてはいけないです

し、もちろん3人以上で握手するのもだめです」

テトラちゃんはノートを取り出して説明を始めた。

問題1（6人の握手問題）
6人が円形に並んでいます。全員が、誰かと握手をします。このとき《握手の仕方》は何通りありますか。

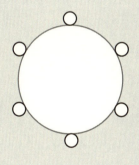

僕「なるほど」

テトラ「あ！ 先輩！ 解き方、言わないでくださいね！」

僕「いや、僕もまだよくわからないから大丈夫。テトラちゃんはもう解いたの？」

テトラ「はい。少なくとも6人の握手問題はすぐ解けて……あのう、先輩。あたしが考えた道筋を聞いていただけますか？」

僕「じゃあ、テトラちゃんが先生になって僕に教えてよ!」

テトラ「え……は、はいっ!」

4.3 テトラちゃんが考えた道筋

僕「では、どうぞ。テトラ先生」

テトラ「やめてください……まず 6 人に名前を付けました。A,B,C,D,E,F です」

僕「なるほど。《名前を付ける》だね」

テトラ「そうです。名前を付けて、A さんが右の B さんと握手して、C さんは D さんと、E さんは F さんと握手します。たとえばこれで《握手の仕方》①ができました。この黒い線で握手を表すことにします」

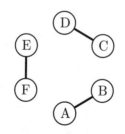

6 人の《握手の仕方》①

僕「待って。どうして下から A,B,C,D,E,F と名前を付けたの?」

テトラ「最初は上から右回りに A,B,C,……としたんですが、

Aさんが《右と握手》というときにどっちが右なのかごちゃごちゃしたので、Aさんは下に書いたんです」

僕「ああ、そういうことなんだね。おもしろいなあ」

テトラ「次に、Aさんが今度は左のFさんと握手する場合を考えます。順に、EさんはDさんと、CさんはBさんと握手して、《握手の仕方》②ができました」

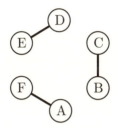

6人の《握手の仕方》②

僕「さっきと逆回りだね」

テトラ「はい。それからですね、Aさんが真向かいのDさんと握手する場合もあります。残っている方々はそれぞれ握手して、これが《握手の仕方》③になります」

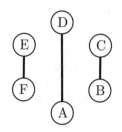

6 人の《握手の仕方》③

僕「なるほど。テトラちゃんは《A が誰と握手するか》を考えて**場合分け**をしているんだね」

テトラ「はい！ そうです。そして、当たり前のことですけど、A さんは C さんと握手することはできません。なぜかというと、B さんがひとりぼっちになってしまうからです」

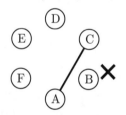

B がひとりぼっちになってしまう

僕「ひとりぼっち……そうか。握手は交差してはいけないのか」

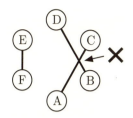

握手は交差してはいけない

テトラ「はい。そのように考えていました」

僕「だったら、テトラちゃんの握手問題は、条件を補足したほうがいいよね。つまり、握手は交差してはいけないという条件」

問題1 （6人の握手問題）［条件を補足］
6人が円形に並んでいます。全員が、誰かと握手をします。このとき《握手の仕方》は何通りありますか。ただし、**握手は交差しないものとします。**

テトラ「はい、確かにそうですね。あたし、自分の中ではその条件を付けて考えていたんですが、《握手の仕方》という言い方だけだとはっきりしませんね」

僕「そうだね」

テトラ「ともかく、そんなふうに考えを進めていって、あたしは全部で5通りの《握手の仕方》を見つけました。これです」

解答1（6人の握手問題）
6人の《握手の仕方》は以下の5通りになります。

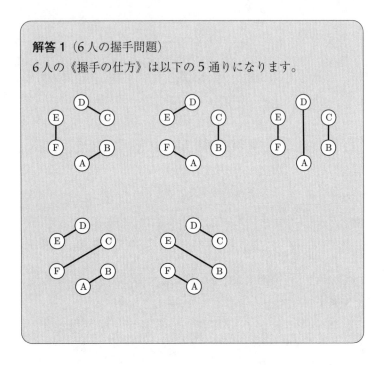

僕「なるほど——確かにこれでいいと思うよ」

テトラ「はい……それでですね、あたしはここから、n人の場合を考えてみようと思ったんです」

僕「《**変数の導入による一般化**》だね。6からnへ！」

テトラ「そうです！」

僕「……と、その前に、さっきの5通りで気になることがあるんだけど。テトラちゃんは、こんなふうにAが誰と握手しているかで場合分けをしたんだよね？」

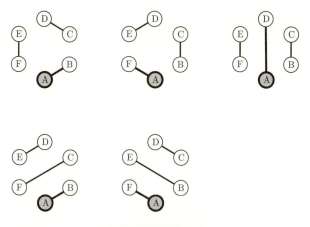

A の握手で場合分け

テトラ「はい、その通りです」

僕「だったら、《握手の仕方》は、こんなふうに分類できるね。A が握手する相手が、《右》か《前》か《左》か」

166 第4章 あなたは誰と手をつなぐ？

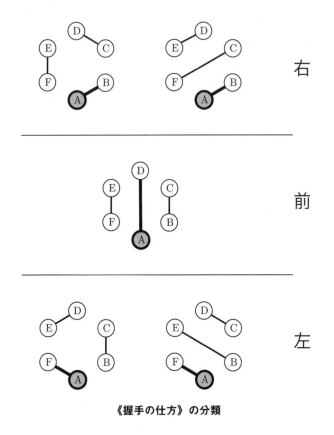

《握手の仕方》の分類

テトラ「先輩のおっしゃる通りです。あたしは、頭の中ではそのように考えていたんですが、そうは描かなかったですね……」

僕「いや、もちろん、テトラちゃんはまちがってないよ。でも、結果を出すだけじゃなくて、《結果を振り返る》のも大事だよね。せっかく、場合分けが《もれなく、だぶりなく》できたわけだし」

テトラ「わかりました！ で、あたしは人数を n 人にして、こういう問題を考えました」

> **問題 2**（n 人の握手問題）
> n 人が円形に並んでいます。全員が、誰かと握手をします。このとき《握手の仕方》は何通りありますか。ただし、握手は交差しないものとします。

僕「なるほど……ねえ、テトラちゃん。これはすばらしい一般化なんだけど、《変数の導入による一般化》ではちょっと注意がいるんだよ」

テトラ「注意といいますと？」

僕「変数の条件を明確にする必要があるということ。たとえば、ここに出てきた n は偶数のつもりだよね？」

テトラ「あ！ そうですね。奇数人では、ひとりぼっちになる人が必ず出てしまいますから。変数には条件が必要ですよね。またまた失敗です！《条件忘れのテトラ》ですみません」

僕「いやいや、失敗ってわけじゃないよ。だって、n が奇数なら《握手の仕方》は 0 通りになるだけだから。ただ、テトラちゃんはこの問題を考えるとき偶数を想定していたのかなって、ちょっと気になって」

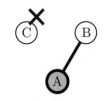

奇数人で握手はできない

テトラ「おっしゃる通り、あたしは偶数人で考えていました」

僕「だったら最初から $2n$ 人 の握手問題にしてもいいね」

テトラ「なるほど！ $2n$ 人にすれば必ず偶数人ですからね」

問題2（$2n$ 人の握手問題）［変数の範囲を明確にした］
$2n$ 人が円形に並んでいます（$n = 1, 2, 3, \ldots$）。全員が、誰かと握手をします。このとき《握手の仕方》は何通りありますか。ただし、握手は交差しないものとします。

テトラ「誤解されないように問題を作るのはたいへんなんですね……えっと、それで、あたしは 2 人の場合から考えていくことにしました」

僕「なるほど。《**小さい数で試す**》わけだね」

テトラ「そうです！」

僕「テトラちゃんの考える筋道はとっても正しいと思うよ」

- 《名前を付ける》
- 《変数の導入による一般化》
- 《結果を振り返る》
- 《もれなく、だぶりなく》
- 《小さい数で試す》

テトラ「でも、これってぜんぶ先輩やミルカさんから教わったことなんですよ」

僕「いやいや、なかなかすごいと思うな」

テトラ「あ、ありがとうございます。先輩には、いつもお世話になっています」

　テトラちゃんは、ぺこりとお辞儀をした。

僕「では、2人で握手するところから始める？」

テトラ「き、恐縮です！」

　テトラちゃんは頬を染め、まっすぐ右手を差し出した。

僕「え？」

テトラ「え？」

僕「いや、あのね、いまから僕たちが握手しようというんじゃなくて、《2人の握手問題》から考えようっていう意味だったんだけど——」

テトラ「え？ あ、勘違い?! お、お恥ずかしい！」

　テトラちゃんは両手で顔を隠す。耳まで真っ赤だ。

僕「でも、そういえば、僕もテトラちゃんと話して勉強になっているよ。こちらこそ、いつもお世話になっています」

僕たちは結局、2人で握手した。《握手の仕方》は 1 通り。

4.4 小さい数で試す

テトラ「……そ、それで、2 人の場合は《握手の仕方》は、た、確かに 1 通りです」

僕「問題を《2n 人》で考えているから《n = 1 のときは 1 通り》ということだね」

テトラ「そうなります」

n = 1 のときは 1 通り

僕「n = 2 のときは——」

テトラ「2n = 4 人だと《握手の仕方》は 2 通りになります。真向かいの人と握手しようとすると交差しちゃうからです」

n = 2 のときは 2 通り

僕「n = 3 のときは、さっき考えたね」

テトラ「そうですね。6人のときの《握手の仕方》は5通りです」

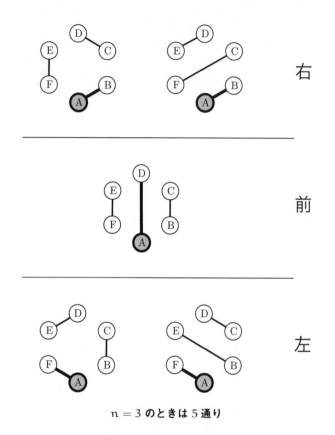

$n = 3$ のときは 5 通り

僕「テトラちゃんはそういう具合に《小さな数で試す》をやってきたんだね。$n = 1, 2, 3$ のときに、それぞれ $1, 2, 5$ 通りの《握手の仕方》になると」

テトラ「はい。小さい数は楽だと思ったんですが、8 人でもう大変です。まだ考え中なんですが、改めて描いてみますと……」

僕「8人ということは、$n = 4$ のときになるね」

テトラ「先ほどにならって、A さん基準で順番に並べます」

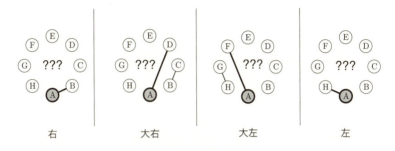

$n = 4$ のときは……

僕「場合分けだね」

テトラ「はい、この図で——

- A さんと B さんが握手した場合（右）
- A さんと D さんが握手した場合（大右）
- A さんと F さんが握手した場合（大左）
- A さんと H さんが握手した場合（左）

のように場合分けができます。《大右》って言い方は変ですけれど……。《大右》の場合は、B さんと C さんは必ず握手しなければならないので、この図ではもうつないであります。《大左》も同じことです。8 人の場合には真向かいとは握手できません。そうすると、どうしても交差してしまうからです」

僕「なるほど。確かに《もれなく、だぶりなく》場合分けしているね——あれ？」

テトラ「はい? 何かまちがってますか?」

僕「いや、考える手がかりを見つけたかも」

テトラ「?」

僕「たとえば《右》の場合だと、AとBは握手していて、残りはC,D,E,F,G,Hの6人だよね」

テトラ「そうですね」

僕「ということは、《右》の場合の数というのは、ちょうど6人の《握手の仕方》と同じはずじゃない? A,B以外の6人で《握手の仕方》を考えればいいから」

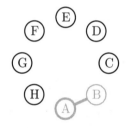

A,B以外の6人で《握手の仕方》を考えればいい

テトラ「確かに! 6人なので、ええと、5通りですか」

僕「そうだね。ということは《左》も別の5通りになるよ。B,C,D,E,F,Gの6人で考えることになる」

テトラ「なるほどです! 《大右》と《大左》は4人の《握手の仕方》と同じで、2通りずつですね。整理します! $n=4$で8人の場合の《握手の仕方》は……」

- 《右》は残り 6 人なので、5 通り。
- 《大右》は残り 4 人なので、2 通り。
- 《大左》は残り 4 人なので、2 通り。
- 《左》は残り 6 人なので、5 通り。

僕「うん。ということは」

テトラ「ということは、合計して $5 + 2 + 2 + 5 = 14$ 通りです!」

僕「$n = 4$ のときは 14 通りだとわかった!」

テトラ「いま全部書き上げます!」

僕「ちょっと待って。いますごいことに気付いたよ。テトラちゃんは、《$2n$ 人の握手問題》を解きたいんだよね。だったら、こんなふうに図を描いたらどうだろうか」

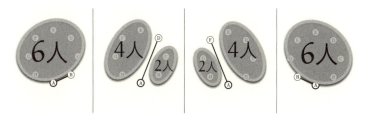

《8 人の握手問題》を考える

テトラ「この大きな ◯(マル) は何でしょうか……?」

僕「このマルは、そこに隠れている《小さな握手問題》を表したつもり。つまり、A の握手で《握手問題》を分割したんだ!」

テトラ「はあ……?」

僕「テトラちゃんがAの握手を基準にして分類してくれたから気付いたんだけど、Aの握手がちょうど《**境界線**》のようになって、2つの小さな握手問題を作っているんだ……そうだ！ 0人も入れよう！」

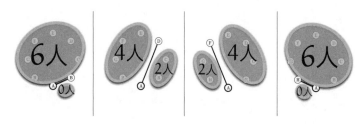

《8人の握手問題》を考える（0人を入れる）

テトラ「0人の握手？」

僕「そうだよ。こうすれば《8人の握手問題》が、4組の《2つの小さな握手問題》に分割できたことになる。つまり、

《6人と0人》《4人と2人》《2人と4人》《0人と6人》

という4組の問題にね！」

テトラ「なるほどです……」

僕「僕たちは $n = 1, 2, 3, \ldots$ で考えようとしたけど、$n = 0$ のときも含めて考えたほうがよさそうだね」

テトラ「でも、$2n = 0$ 人の握手というのは、1通りなんですか」

僕「そう考えると**一貫性**が出る。つまりね、《握手の仕方》の数が、より少ない人数の《握手の仕方》の数に**帰着**できる！」

テトラ「帰着……」

4.5 数列を考える

僕「テトラちゃん、《名前を付ける》をもう一回やろうよ。僕たちが考えている《握手の仕方》の数に名前を付けるんだ。a_n という名前を付けよう。そうすれば、$a_0, a_1, a_2, a_3, \ldots$ という数列として考えることができるよね。そうだ、これまでにわかったことを表にまとめてみようか」

握手の数列 $\langle a_n \rangle$

$2n$ 人の《握手の仕方》の数を a_n で表す。

n	0	1	2	3	4	$\cdots$
人数 $2n$	0	2	4	6	8	$\cdots$
a_n	1	1	2	5	14	$\cdots$

テトラ「なるほど。表で整理すればわかりやすいですね」

僕「念のため図にも描いておこう」

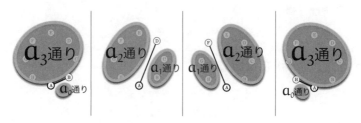

《$n=4$ の握手問題》を考える（a_n を描く）

テトラ「先輩……ちょっとわからなくなってきました。a_3 と a_2 と a_1 と a_0 というのは、それぞれ 6 人、4 人、2 人、0 人の《握手の仕方》の数なんですよね？」

僕「そうだね。テトラちゃんは、ちゃんとわかっているよ」

テトラ「この図を描いても、$n=4$ のときの数が 14 なのは変わらないですよね？」

僕「もちろんだよ。$a_4 = 14$ という事実は変わらない」

テトラ「だとしたら、この図を描く意味は何でしょう」

僕「さっき、帰着って言ったよね。あのことだよ。この図を見れば、a_4 が a_0, a_1, a_2, a_3 で書けることがわかるんだ」

テトラ「あ、あたしはまだ、わかっていないようです……」

僕「具体的にいえば、こういうことなんだけど」

$$a_4 = a_3 a_0 + a_2 a_1 + a_1 a_2 + a_0 a_3$$

テトラ「ええと、これは a_4 を求めるのに、4 組の数を加えたということでしょうか？」

僕「そうそう。そして、加えている各項は《境界線》の左右を掛けて求めた。たとえば、$a_2 a_1$ を考えてみよう」

《境界線》の左右で握手が行われる

僕「$a_2 a_1$ では、《境界線》の左右を掛けているんだ。

- a_2 は、左側にいる 4 人の《握手の仕方》の数。
- a_1 は、右側にいる 2 人の《握手の仕方》の数。

左側の a_2 通りのそれぞれに対して、右側で a_1 通りがある。そこで $a_2 a_1$ という積を求める。すると、A と D が握手している場合の《握手の仕方》が得られるよね！ うん、やっぱり、$a_0 = 1$ と考えたのは正解だな」

テトラ「なるほどです！ ……考えてみれば当たり前ですね。あたし、文字になると身構えちゃうんでしょうか」

僕「だから、a_4 はこういう式で表せる」

$$a_4 = a_3 a_0 + a_2 a_1 + a_1 a_2 + a_0 a_3$$

テトラ「はい、納得しました」

僕「これで僕たちは、数列 $\langle a_n \rangle$ の**漸化式**を手に入れたことになるよね！」

テトラ「どういうことですか？」

僕「こういうことだよ。いまは $n = 4$ で考えたけれど、テトラちゃんの《境界線》の考え方は、もっと大きな n でも成り立つよね。いつも左側と右側に分けることができるから」

テトラ「ははあ、なるほど……」

僕「だから、一般的に、こんな式が書ける」

$$a_n = a_{n-1}a_0 + a_{n-2}a_1 + \cdots + a_1 a_{n-2} + a_0 a_{n-1}$$

テトラ「あ、あの……」

僕「あわてないで式をよく見てね。ほら、

$$a_n = \underbrace{a_{n-1}a_0}_{n-1 \text{と} 0} + \underbrace{a_{n-2}a_1}_{n-2 \text{と} 1} + \cdots + \underbrace{a_1 a_{n-2}}_{1 \text{と} n-2} + \underbrace{a_0 a_{n-1}}_{0 \text{と} n-1}$$

という式になってるのがわかるよね。だから、この右辺は、

$$a_{n-k} a_{k-1}$$

という項を足し合わせていることがわかる」

テトラ「こ、この k という文字は？」

僕「うん。k を 1 から n まで動かして、$a_{n-k} a_{k-1}$ を足し合わせるんだ。これで、和を表す $\sum$ を使って書ける！ これが数列 $\langle a_n \rangle$ の漸化式で——うわあっ！」

数列 $\langle a_n \rangle$ が満たす漸化式

$$\begin{cases} a_0 = 1 \\ a_n = \sum_{k=1}^{n} a_{n-k} a_{k-1} \quad (n = 1, 2, \ldots) \end{cases}$$

テトラ「せ、先輩?」

僕「テトラちゃん！ これは**カタラン数**C_nじゃないか！」

テトラ「カタラン数?」

僕「なぜ、ここまで気付かなかったんだろう！ ねえ、テトラちゃんの握手問題の$\langle a_n \rangle$は、カタラン数の$\langle C_n \rangle$と同じ数列になるはずだよ」

テトラ「先輩——記憶していらっしゃるんですか?」

僕「うん、この漸化式に見覚えがある。でも、一般項までは覚えていないな。どうだっけ……」

テトラ「先ほどの漸化式ではだめなんですか?」

僕「うん、あのね、握手の方法を表す数列$\langle a_n \rangle$の漸化式はわかったんだけど、その一般項a_nを、nを使った《閉じた式》で表したいんだよ」

テトラ「閉じた式?」

僕「ほら、漸化式だと、$a_n = \cdots$の右辺にa_{n-k}やa_{k-1}などが

出てくるよね。つまり、数列のある項を、他の項で表していることになる。でも僕たちは a_n を、直接的に n で表したいんだよ」

テトラ「一般項を、その、閉じた式で求めるのは大事なんですか」

僕「そうだね。できれば閉じた式を求めたくなるよ。だって、漸化式だと、a_0 から $a_1, a_2, \ldots$ と順番に計算していかないと、a_n は求められないよね？」

テトラ「なるほどです。あたし、つい、根気よく順番に計算していけばいい！と思っちゃいますね……」

僕「うん、小さい n のときはいいんだけど、n が大きくなると大変すぎる。だから、n の閉じた式で a_n を表せるかどうかは大事なんだ——そうか、以前ユーリといっしょに考えたことがある*。カタラン数はこんな問題に出てくるね」

問題 3（経路問題）
以下のような上下する山道を通って S から G まで行く。このときの経路は何通りあるか。

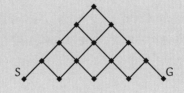

---

* 『数学ガール／乱択アルゴリズム』第 8 章（ピアノ問題）参照。

テトラ「え？ これが、カタラン数になるんですか？」

僕「うん、そうだよ。この図は $n = 4$ のときに相当して、14通りの経路があるはず。描いてみようか」

解答3（経路問題）
以下の14通りの経路がある。

テトラ「でも、この経路問題は、握手問題とまったく違います……」

僕「そうだけど、握手問題の漸化式は確かにカタラン数の漸化式だし、この経路問題の答えがカタラン数になるのも確かだよ」

テトラ「そう……ですか」

僕「だからね、きっと《問題の言い換え》ができるはず。つまり、テトラちゃんの握手問題を言い換えれば、この経路問題に帰着させられると思うよ。もっといえば、握手問題の握手を変形して、経路問題の経路を作れるはず……あ、できるね。できるできる」

テトラ「え、ええ？」

僕「一番簡単な握手で考えてみようよ、AがBと、CがDと……握手するというのは、こういう経路になるんじゃないかな」

テトラ「なぜですか？」

僕「いや、何となく……そうか、ほらほら、握手しているA,B,C,Dを一列に並べてみようよ。そうすると、こういうつながりになる。ほら、似てきた」

4.5 数列を考える 185

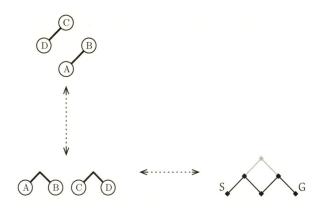

テトラ「でも……たとえば、こういう握手だったら、どんな経路になるんですか、先輩」

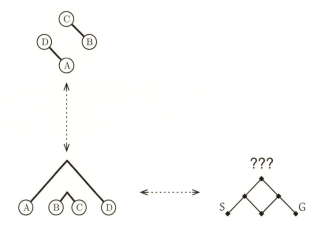

僕「ううーん、いけると思ったんだけどな」

テトラ「握手は対等ですけれど、経路は上下がありますし」

僕「対等——じゃないよ、テトラちゃん！ だって、一列に並んでいるんだから」

テトラ「はい？」

僕「握手する人を一列に並べて考える。そうしたら、握手する人は、列の中で自分よりも右にいる人と握手するか、左にいる人と握手するか、そのどちらかだよ！ だから、

- 《右と握手する人》は ↗
- 《左と握手する人》は ↘

に書き換えればいい！」

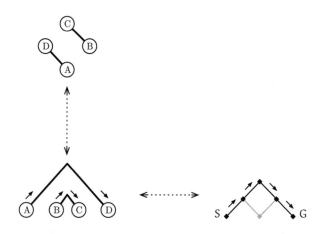

テトラ「ABCD を ↗↗↘↘ に書き換える……？」

僕「そうだね。逆に、経路に対して《握手の仕方》も決まる。もっと大きな例を考えてみよう。$n = 4$ にして、適当な握手を作っても経路に変形できるよ」

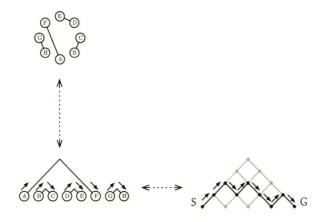

テトラ「おもしろいです！ これは ↗↗↘↗↘↘↗↘ という並びなのですね！ ……あれ、でも、結局、まだ一般項は求まっていないような」

僕「いや、それは大丈夫。思い出してきた。反射させて数える方法をミルカさんに聞いたことがある*。《こうだったらいいのになあ》と考えて、地中にもぐってもいいことにするんだよ。たとえば、こんなふうにね」

---

*『数学ガール』参照。

188　第4章　あなたは誰と手をつなぐ？

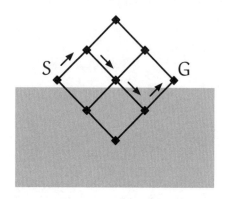

地中にもぐる経路をゆるす

テトラ「これで経路を求めるということですか」

僕「そうだね。この図では ↗↘↘↗ という経路を描いた。こんなふうに地中にもぐる経路をゆるすとすると、2個の ↗ と2個の ↘ で、合計4個の矢印を並べることになるよね。場合の数は《4個のうち、どの2個を ↘ にするか》を考えればいいから、4個から2個を選ぶ組み合わせということ。つまり $\binom{4}{2}$ 通りになる」

テトラ「先輩、待ってください、待ってください。それでは多すぎますっ！ だって、ほんとうは地中にもぐってはいけないんですから。経路を多く数えてしまっています」

僕「うん、だから減らす必要がある。地中にもぐる経路を数えて引き算をする。地中にもぐるのはどういうときかというと……」

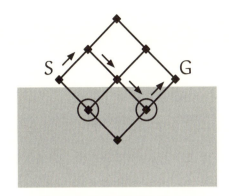

地中にもぐる経路は必ず◯を通る

僕「S から G に向かう経路のうち、地中にもぐる経路では必ず、この◯を付けたところのどこかを通過する。◯を最初に通過したところから後は、↗ と ↘ を逆にする。鏡に反射させたようにね」

テトラ「反射させると……数えやすくなるんでしょうか」

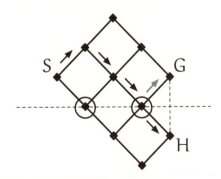

反射させて考える

僕「地中にもぐって G に到着する経路は、反射によって H に到着する経路になるよね。言い換えるなら、地中にもぐって G に着く経路の数は、H に着く経路の数になる」

テトラ「……すごい発想ですね」

僕「S から G に行くのは、4 個の矢印のどの 2 個を ↘ にするかの $\binom{4}{2}$ 通り。そして、S から H に行くのは、4 個の矢印のどの 3 個を ↘ にするかの $\binom{4}{3}$ 通り。$\binom{4}{3}$ になるのは、↘ が 1 個増えたから $\binom{4}{2+1}$ ということだよ。あとは、すべての経路数から、地中にもぐる経路数を引けばいい」

$$\underbrace{\binom{4}{2}}_{\text{すべての経路数}} - \underbrace{\binom{4}{2+1}}_{\text{地中にもぐる経路数}}$$

テトラ「……！」

僕「これを一般化すればいい。S から G に行くのは $\binom{2n}{n}$ 通りで、S から H に行くのは $\binom{2n}{n+1}$ 通りということだから……」

$$\underbrace{\binom{2n}{n}}_{\text{すべての経路数}} - \underbrace{\binom{2n}{n+1}}_{\text{地中にもぐる経路数}}$$

僕「これで求まった。だから、経路問題の一般項は——これはカタラン数の一般項 C_n でもあるんだけど——こうなるね！」

> **カタラン数の一般項 C_n**
>
> $$\begin{cases} C_0 = 1 \\ C_n = \binom{2n}{n} - \binom{2n}{n+1} \end{cases} \quad (n = 1, 2, 3, \ldots)$$

テトラ「あの……」

僕「試しに検算してみよう。$n = 1, 2, 3, 4$ に対して、C_n はそれぞれ $1, 2, 5, 14$ になるはずだよ」

テトラ「いえ、ちょっと話が急激すぎて……整理させてください」

- あたしたちは、握手問題の a_n を考えようとしています。
- A さんと誰が握手するかで場合分けをして、a_n の漸化式がわかりました。
- 漸化式を作るときに $a_0 = 1$ と決めました。
- 先輩は、この漸化式がカタラン数 C_n の漸化式と同じということに気付きました。
- 経路問題を使って、《握手の仕方》が確かに経路に変形できることを確かめました。
- 逆に、経路を《握手の仕方》にも変形できます。
- ということは《握手の仕方》の数 a_n は、経路の数 C_n に等しくなります。
- そして、経路の数を反射の方法で求めました。
- これで、《握手の仕方》も求めたことになります。

僕「テトラちゃんは、まとめ方がいつもうまいよね」

テトラ「い、いえ、まとめないとすぐに道を見失うからです……」

4.6 計算してみよう

僕「じゃ、実際に計算してみようよ。$\binom{2n}{n}-\binom{2n}{n+1}$ に、$n=1,2,3,4$ を代入してみよう。まずは C_1 から」

$$
\begin{aligned}
C_1 &= \binom{2n}{n} - \binom{2n}{n+1} && \text{先ほどの式から} \\
&= \binom{2 \cdot 1}{1} - \binom{2 \cdot 1}{1+1} && n=1 \text{ とした} \\
&= \binom{2}{1} - \binom{2}{2} && \text{計算した} \\
&= \frac{2}{1} - \frac{2 \times 1}{2 \times 1} && \text{組み合わせの計算} \\
&= 2 - 1 \\
&= 1
\end{aligned}
$$

テトラ「$C_1 = 1$ になりました。$a_1 = 1$ と同じです」

僕「うん、いいね。次は C_2 だよ」

$$
\begin{aligned}
C_2 &= \binom{2n}{n} - \binom{2n}{n+1} & &\text{先ほどの式から} \\
&= \binom{2\cdot 2}{2} - \binom{2\cdot 2}{2+1} & &n = 2 \text{ とした} \\
&= \binom{4}{2} - \binom{4}{3} & &\text{計算した} \\
&= \frac{4\times 3}{2\times 1} - \frac{4\times 3\times 2}{3\times 2\times 1} & &\text{組み合わせの計算} \\
&= 6 - 4 \\
&= 2
\end{aligned}
$$

テトラ「$C_2 = 2$ で、確かに $a_2 = 2$ と一致します」

僕「いま気付いたけど、$\binom{2n}{n+1}$ は $\binom{2n}{n-1}$ で計算したほうが楽だね。次は C_3」

$$
\begin{aligned}
C_3 &= \binom{2n}{n} - \binom{2n}{n+1} & &\text{先ほどの式から} \\
&= \binom{2\cdot 3}{3} - \binom{2\cdot 3}{3+1} & &n = 3 \text{ とした} \\
&= \binom{6}{3} - \binom{6}{4} & &\text{計算した} \\
&= \binom{6}{3} - \binom{6}{2} & &\binom{6}{4} = \binom{6}{2} \text{ だから（対称公式）} \\
&= \frac{6\times 5\times 4}{3\times 2\times 1} - \frac{6\times 5}{2\times 1} & &\text{組み合わせの計算} \\
&= 20 - 15 \\
&= 5
\end{aligned}
$$

テトラ「$C_3 = 5$ で……ぴったり $a_3 = 5$ と合ってますよ！」

僕「そしていよいよ C_4 だ」

$$\begin{aligned}
C_4 &= \binom{2n}{n} - \binom{2n}{n+1} & &\text{先ほどの式から} \\
&= \binom{2\cdot 4}{4} - \binom{2\cdot 4}{4+1} & &n = 4 \text{ とした} \\
&= \binom{8}{4} - \binom{8}{5} & &\text{計算した} \\
&= \binom{8}{4} - \binom{8}{3} & &\binom{8}{5} = \binom{8}{3} \text{ だから} \\
&= \frac{8 \times 7 \times 6 \times 5}{4 \times 3 \times 2 \times 1} - \frac{8 \times 7 \times 6}{3 \times 2 \times 1} & &\text{組み合わせの計算} \\
&= 70 - 56 \\
&= 14
\end{aligned}$$

テトラ「はいっ！ 確かに $C_4 = 14$ で、$a_4 = 14$ に等しいです！」

僕「さっき作った数列の表に追加しよう」

n	0	1	2	3	4	$\cdots$
人数 $2n$	0	2	4	6	8	$\cdots$
a_n	1	1	2	5	14	$\cdots$
C_n	1	1	2	5	14	$\cdots$

テトラ「確かに、a_n と C_n はぴったり同じですね」

4.7 式を整える

僕「計算しているうちに思い出してきたよ。いま C_4 の計算途中、

$$\frac{8\times7\times6\times5}{4\times3\times2\times1} - \frac{8\times7\times6}{3\times2\times1}$$

という式が出てきたよね。この式のまま通分してみよう」

テトラ「分母を $4\times3\times2\times1$ にそろえるということですね?」

$$\begin{aligned}
C_4 &= \frac{8\times7\times6\times5}{4\times3\times2\times1} - \frac{8\times7\times6}{3\times2\times1} \\
&= \frac{8\times7\times6\times5}{4\times3\times2\times1} - \frac{8\times7\times6}{3\times2\times1}\cdot\frac{4}{4} \qquad \text{通分した} \\
&= \frac{8\times7\times6\times5}{4\times3\times2\times1} - \frac{(8\times7\times6)\times4}{(3\times2\times1)\times4} \\
&= \frac{(8\times7\times6\times5)-(8\times7\times6\times4)}{4\times3\times2\times1} \\
&= \frac{(8\times7\times6)(5-4)}{4\times3\times2\times1} \qquad 8\times7\times6\text{でくくった} \\
&= \frac{8\times7\times6}{4\times3\times2\times1} \qquad 5-4=1\text{だから}
\end{aligned}$$

僕「そうそう。うまいうまい。さらに、こんなふうに書ける」

$$\begin{aligned}
C_4 &= \frac{8\times7\times6}{4\times3\times2\times1} \\
&= \frac{1}{5}\cdot\frac{8\times7\times6\times5}{4\times3\times2\times1} \\
&= \frac{1}{5}\cdot\frac{(8\times7\times6\times5)\times(4\times3\times2\times1)}{(4\times3\times2\times1)\times(4\times3\times2\times1)} \\
&= \frac{1}{5}\cdot\frac{8!}{4!\,4!} \\
&= \frac{1}{4+1}\binom{2\cdot4}{4}
\end{aligned}$$

テトラ「た、確かにそうですが?」

僕「でね、これは $n = 4$ であることを考えると、

$$C_n = \frac{1}{n+1}\binom{2n}{n}$$

という形になるんじゃないかと想像できる」

テトラ「え、あ、あたしには想像できませんでしたが……」

僕「実際、これは成り立つんだよ! いま $n = 4$ でやったことを、一般の n でごりごり計算すればいい!」

$$\binom{2n}{n} - \binom{2n}{n+1}$$

$$= \frac{(2n)!}{n!\,(2n-n)!} - \frac{(2n)!}{(n+1)!\,(2n-(n+1))!}$$

$$= \frac{(2n)!}{n!\,n!} - \frac{(2n)!}{(n+1)!\,(n-1)!}$$

$$= \frac{n+1}{n+1} \cdot \frac{(2n)!}{n!\,n!} - \frac{n}{n} \cdot \frac{(2n)!}{(n+1)!\,(n-1)!} \quad \text{通分の準備}$$

$$= \frac{(n+1)(2n)!}{(n+1)n!\,n!} - \frac{n(2n)!}{n(n+1)!\,(n-1)!} \quad \text{掛け算}$$

$$= \frac{(n+1)(2n)!}{(n+1)!\,n!} - \frac{n(2n)!}{n(n+1)!\,(n-1)!} \quad (n+1)n! = (n+1)!\,\text{だから}$$

$$= \frac{(n+1)(2n)!}{(n+1)!\,n!} - \frac{n(2n)!}{(n+1)!\,n!} \quad n(n-1)! = n!\,\text{だから}$$

$$= \frac{(n+1)(2n)! - n(2n)!}{(n+1)!\,n!} \quad \text{分数の引き算}$$

$$= \frac{((n+1)-n)(2n)!}{(n+1)!\,n!} \quad (2n)!\,\text{でくくった}$$

$$= \frac{(2n)!}{(n+1)!\,n!} \quad (n+1)-n = 1\,\text{だから}$$

$$= \frac{1}{n+1} \frac{(2n)!}{n!\,n!} \quad (n+1)! = (n+1)n!\,\text{だから}$$

$$= \frac{1}{n+1} \binom{2n}{n} \quad \text{組み合わせの計算}$$

テトラ「先輩……」

僕「ね？ ずいぶん簡単になった！ ああ、すっきりした」

> **解答 2**（2n 人の握手問題）
> 2n 人が行う《握手の仕方》の数はカタラン数の一般項
> $$\frac{1}{n+1}\binom{2n}{n}$$
> に等しい。
> ※ $n = 0$ のときは、$\binom{0}{0} = 1$ を使う。

テトラ「先輩……でも、これは難しいです。教えていただければ、なるほどになるんですが、自分で思いつくのは無理です」

僕「うん、何も知らなくて、これを全部導くっていうのは難しいよね。僕もできないと思う。でも、《問題の言い換え》という考え方はきっと役に立つんじゃないかなあ」

テトラ「確かに……握手問題と経路問題はまったく違うように見えましたが、うまく変形してやれば、同じ結果になりました」

僕「だよね。場合の数を数えやすいように問題を言い換えようとしたり、自分の知ってる問題に帰着できないかを考えたり……問題の構造が変わらないように注意しないといけないけどね」

テトラ「はい……《問題の言い換え》ですね」

午後の授業の予鈴が鳴った。
充実した昼休みの終了だ。

参考文献

- コンウェイ、ガイ『数の本』（丸善出版）
- グレアム、パタシュニク、クヌース『コンピュータの数学』（共立出版）
- Richard P. Stanley, "Catalan Numbers", Cambridge University Press, 2015.

"あなたがわたしの手を離しても、わたしはあなたの手を離さない。"

第4章の問題

●**問題 4-1**（すべての握手）

テトラちゃんは、p. 175 で、8人が握手するすべてのパターンを描こうとしていました。あなたも、14通りすべてを描いてみましょう。

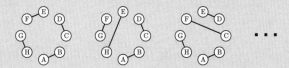

（解答は p. 289）

●問題 4-2（マス目状の道）

次のように 4 × 4 のマス目状になった道があります。この道をたどり、最短距離で S から G まで行く経路の数を求めてください。ただし、川は渡れません。

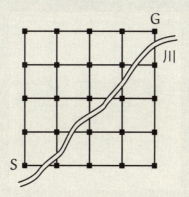

（解答は p. 291）

●問題 4-3（並べたコイン）

最初にコインを一列に並べておき、その上にさらにコインを置く場合の数を考えます。ただし、下に並んだコインのうち、少なくとも2枚に接するように置かなくてはいけません。たとえば、最初に並べるコインが3枚のとき、置き方は以下の5通りになります。

では、最初に並べるコインが4枚の場合には何通りになるでしょうか。

（解答はp.293）

●問題 4-4（賛成・反対）
以下の条件を満たす数の組 $\langle b_1, b_2, \ldots, b_8 \rangle$ は何個あるでしょうか。

$$\begin{cases} b_1 \geqq 0 \\ b_1 + b_2 \geqq 0 \\ b_1 + b_2 + b_3 \geqq 0 \\ b_1 + b_2 + b_3 + b_4 \geqq 0 \\ b_1 + b_2 + b_3 + b_4 + b_5 \geqq 0 \\ b_1 + b_2 + b_3 + b_4 + b_5 + b_6 \geqq 0 \\ b_1 + b_2 + b_3 + b_4 + b_5 + b_6 + b_7 \geqq 0 \\ b_1 + b_2 + b_3 + b_4 + b_5 + b_6 + b_7 + b_8 = 0 \quad \text{（等号）} \\ b_1, b_2, \ldots, b_8 \text{ はすべて } 1 \text{ か } -1 \text{ のいずれか} \end{cases}$$

（解答は p. 295）

●問題 4-5（反射で数える）

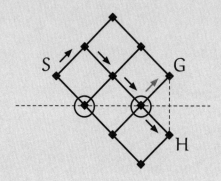

p. 189 で「僕」が話していた方法を実際に試してみましょう。《S から地中にもぐって G に到着する経路》すべてを《S から H に到着する経路》に変形してください。

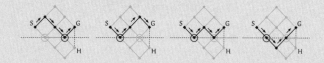

（解答は p. 297）

第 5 章
地図を描く

"地図を描くため、世界を見に行こう。"

5.1 屋上にて

僕「あ、テトラちゃん!」

テトラ「先輩! お昼ですか?」

僕「横、座ってもいい?」

テトラ「もちろんです」

　ここは僕の高校。いまはお昼休み。パンを食べようと思って屋上に行くと、後輩のテトラちゃんが座ってノートを眺めていた。僕は、彼女の隣に腰を下ろす。

僕「えっと——テトラちゃん、僕を待ってた?」

テトラ「というわけでもないんですが……天気がいいので、ふと屋上に行ってみようかと」

　(ふと、屋上に行ってみようと……) と僕は考えながらパンをかじる。

僕「それで、今日のレイジースーザンは？」

テトラ「え？」

僕「テトラちゃんと屋上で話していると、いつもレイジースーザンが出てくるから。最近は、どんな問題を考えているの？」

テトラ「あのですね……特にこれという問題を考えているわけではないんですが、気になっていることがあります」

僕「数学の問題？」

テトラ「はい、数学のように思うんですが、でも、はっきりしなくて、うまく言葉にできないんです」

僕「《言葉大好きテトラちゃん》にしてはめずらしいね。どんな問題なんだろう」

テトラ「いえ、問題といいますか……テトラの話、聞いていただけますか？」

僕「もちろん、いいよ」

　数学なんだけど、数学の問題なのか、よくわからない。いったいどんな話なんだろう。

5.2　テトラちゃんの話

テトラ「以前、先輩は円順列のことを説明してくださいました」

僕「ああ、あったね」

問題1（中華レストランの問題）
5個の席が円形に配置されている丸テーブルがあり、そこに5人が座る。このとき、着席方法は全部で何通りか。

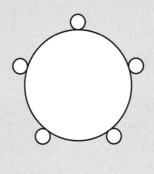

テトラ「円順列の問題を順列の問題に**帰着**させて解きました」

僕「うん、誰か1人を固定すれば残りの人の順列の問題になるからね。n人が丸テーブルに座る場合の数は $(n-1)!$ 通りになる。n人の円順列の問題を $n-1$ 人の順列の問題に帰着させたんだった」

テトラ「それです。その**帰着**って、何なんでしょうか？」

解答1（中華レストランの問題）
5個の席が円形に配置されている丸テーブルがあり、そこに5人が座る。このとき着席方法は、

$$4! = 4 \times 3 \times 2 \times 1 = 24$$

通りある。
(1人を固定し、残り4人を一列に並べる順列として考える)

Ⓐ Ⓑ→Ⓒ→Ⓓ→Ⓔ　　Ⓐ Ⓒ→Ⓑ→Ⓓ→Ⓔ
Ⓐ Ⓑ→Ⓒ→Ⓔ→Ⓓ　　Ⓐ Ⓒ→Ⓑ→Ⓔ→Ⓓ
Ⓐ Ⓑ→Ⓓ→Ⓒ→Ⓔ　　Ⓐ Ⓒ→Ⓓ→Ⓑ→Ⓔ
Ⓐ Ⓑ→Ⓓ→Ⓔ→Ⓒ　　Ⓐ Ⓒ→Ⓓ→Ⓔ→Ⓑ
Ⓐ Ⓑ→Ⓔ→Ⓒ→Ⓓ　　Ⓐ Ⓒ→Ⓔ→Ⓑ→Ⓓ
Ⓐ Ⓑ→Ⓔ→Ⓓ→Ⓒ　　Ⓐ Ⓒ→Ⓔ→Ⓓ→Ⓑ

Ⓐ Ⓓ→Ⓑ→Ⓒ→Ⓔ　　Ⓐ Ⓔ→Ⓑ→Ⓒ→Ⓓ
Ⓐ Ⓓ→Ⓑ→Ⓔ→Ⓒ　　Ⓐ Ⓔ→Ⓑ→Ⓓ→Ⓒ
Ⓐ Ⓓ→Ⓒ→Ⓑ→Ⓔ　　Ⓐ Ⓔ→Ⓒ→Ⓑ→Ⓓ
Ⓐ Ⓓ→Ⓒ→Ⓔ→Ⓑ　　Ⓐ Ⓔ→Ⓒ→Ⓓ→Ⓑ
Ⓐ Ⓓ→Ⓔ→Ⓑ→Ⓒ　　Ⓐ Ⓔ→Ⓓ→Ⓑ→Ⓒ
Ⓐ Ⓓ→Ⓔ→Ⓒ→Ⓑ　　Ⓐ Ⓔ→Ⓓ→Ⓒ→Ⓑ

僕「何って——何？」

テトラ「円順列を直接解くのではなくて、順列に帰着させて解きました。先輩のそのお話を聞いて、なるほどと思います。具体例を自分で作って理解を試すこともできます」

僕「うん。でも？」

テトラ「はい、でも、あたしはまだ《わかってない感じ》がするんです。円順列の問題そのものについては《わかった感じ》がします。実際に問題も解けますし、他の人に説明することもできます。でも、円順列の問題を解くときに考えた《帰着》については、わかっていないように思うんです」

僕「**ある問題を別の問題に帰着させるとはどういうことなのかについて考えている**、ということ？」

テトラ「そうなんでしょうか？」

僕「いや、僕に訊かれても——」

テトラ「あたしにはうまく言葉にできないのですが、あたしの中には《帰着》についての《わかってない感じ》が残っています。**『まだまだわかってないぞ、油断するなテトラ』**って言われている気がするんです。それで、どうも落ち着かなくて……」

僕「言われている気がする……」

　僕は、パンの残りを食べ始めながら考える。
　いったい、誰から言われている感じがするんだろう。

テトラ「す、すみません。せっかくのお食事の時間に、こんな、わけのわからないことを言い出してしまって」

僕「でも、大事なことかもしれないなあ。帰着とは何か——」

5.3 ポリアの問いかけ

テトラ「先輩がおっしゃっていたポリアさんの問いかけの中にも、同じようなお話がありました。『いかにして問題をとくか』に出てくる問いかけ、**《似ている問題を知っているか》**です」

テトラちゃんは持っていた《秘密ノート》をめくりつつ言う。

僕「ああ、そうだね」

テトラ「《似ている問題を知っているか》という問いかけで、円順列と似ている順列を思い出して、順列の問題に帰着させていますので……」

僕「ねえ、テトラちゃんは**《何のために帰着させるか》**を知りたいのかな。だったら、答えられると思うよ。僕たちは難しい問題に出会う。難しい問題だから、そのままでは解けない。でも、何とかして解きたい。だから、その難しい問題と似ている問題を見つけて、それを解くことでヒントを見つけようとしているわけだよね。要するに**《問題を易しくしたい》**わけだ。そのために帰着させる」

テトラ「はい。あたしは、先輩のその説明に納得します。難しい問題を解く代わりに易しい問題を解く。納得です」

僕「うん。でも?」

テトラ「はい、でも、あたしが気に掛けているのはそれとは違う

話のようなんです。へ、変ですよね。自分が何を気に掛けているのか、はっきりしないなんて。自分のことなのに」

僕「そういうことはあるよ。もしかして、テトラちゃんが気にしているのは《帰着させる問題をどうやって見つけるか》なのかな？ さっきの、円順列から順列の問題を見つけたように、帰着する先の問題を発見するにはどうしたらいいか、で悩んでたりして」

テトラ「わかりません……」

僕「難しい問題を解くためのヒントになる易しい問題を見つける方法——万能の方法はないと思うな。そんなものがあったら、いろんな問題がぞくぞく解けてしまうことになるし」

テトラ「はい。ただ、万能ではありませんが、ポリアさんの問いかけをうまく使うと、ヒントや手がかりを見つけやすくなるときはありますね。《求めるものは何か》《与えられているものは何か》《図を描け》《名前を付けてみよう》……」

僕「そうだね。考えているときに自問自答をする。そうすると、たとえ1人で考えているときでも、まるでたくさんの人といっしょに考えているような思いつきがあるし」

テトラ「そうですね……」

僕「あ、もしかしたらテトラちゃんはこういうことで悩んでるんじゃないかな。あのね、《とても難しい問題》を《難しい問題》に帰着させて、《難しい問題》を《易しい問題》に帰着させて……というのはいいけれど、その《**易しい問題を探す連鎖が無限に続いてしまったらどうするか**》という心配？」

テトラ「い、いえっ！ そんなにものすごいことは思いつきもしませんでしたっ！」

僕「あ、そう。うん、じゃあテトラちゃんが気になっていることはいったい何だろうなあ」

テトラ「先輩……テトラの勝手な話を、《求めるものは何か》すらわからないのに、真剣に考えてくださって、すみません。ありがとうございます」

テトラちゃんは僕のほうを向いて深々と頭を下げる。

僕「いや別に、好きで考えてるだけなんだからかまわないけど。場合の数ではよく別の問題に帰着させるから、気になるよね。**《問題の言い換え》**ってやつだよね」

テトラ「言い換え！ 何だかそのあたりに……あたしの気になっているものがありそうです」

僕「《問題の言い換え》は、カタラン数の問題を考えたときも出てきたね。テトラちゃんは円形に並んだ人の《握手の仕方》を数えようとした。でも、握手問題を経路問題に言い換えると——つまり《問題の言い換え》をすると——《握手の仕方》を経路に変換して数えることができた。《問題の言い換え》は場合の数を考えるときによく出てくる話」

テトラ「あ！ わかったかもしれません！ あたしが気になっていること！」

テトラちゃんは、両手をぶんぶん振り回して言った。

テトラ「問題を言い換えると、確かに易しい問題になっています。

でもその《問題の言い換え》というのは、数学的に何をやっていることになるんでしょうか。うまく《問題の言い換え》を行うと、確かに数えやすくなっていて感動します。そのような**《問題の言い換え》は、数学的に何をやっているのか……**」

僕「なるほど！ そうだなあ……場合の数に限っていうとすれば、**対応を見つけている**んだと思うよ、たぶん」

テトラ「対応！ なるほどなるほどなるほど！」

僕「この円順列にはこの順列が対応する。別の円順列には別の順列が対応する。そういう《もれなく、だぶりなく》対応する関係を見つけているんだね」

214　第5章　地図を描く

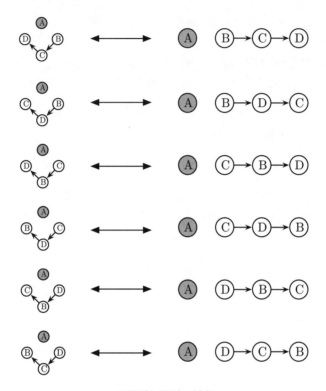

円順列と順列の対応

テトラ「《もれなく、だぶりなく》というのはよくわかります！」

僕「うん。対応は、写像の一種だよね。**マッピング**」

テトラ「mapping!　《地図》ですねっ！」

僕「地図？」

テトラ「はい、地図です。《地面》を《図面》へ mapping したもの

が、map……地図ですから。あっ、わかってきました！ 全世界のようすを直接見ることは難しいですが、地図を使って見ることは易しいです。それと同じように、難しい問題を易しい問題に対応付けして……mapping して考えるんですね！」

僕「なるほど。おもしろいなあ！」

5.4 対応を見つける

テトラ「気分がよくなりました。先輩のおかげです。あたしが気になっていたのは《対応》だったのかもしれません」

僕「確かに、《問題の言い換え》をして、そういう対応を見つけることはよくあるよね。特に一対一の対応を見つけるのが大事だよ」

テトラ「一対一の対応？」

僕「そう。数学では**全単射**というね」

テトラ「ぜ、全単射？」

僕「全単射というのは、要するに《もれなく、だぶりなく》対応させることなんだけど、それを数学的な言い方で言い直しただけだよ」

テトラ「はあ……」

僕「まず、集合 X から集合 Y への《だぶりのない写像》というのは、図で表すとこういうものだよ。これは**単射**と呼ぶ写像だ」

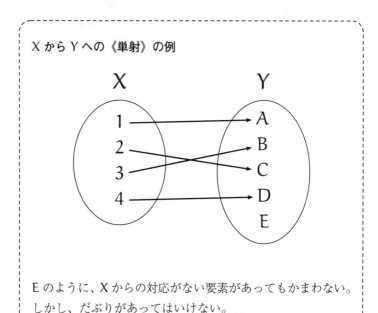

X から Y への《単射》の例

E のように、X からの対応がない要素があってもかまわない。しかし、だぶりがあってはいけない。

テトラ「《だぶりのない写像》が単射……」

僕「それから、《もれのない写像》というのは、図にするとこうなるね。こっちは**全射**と呼ぶ写像」

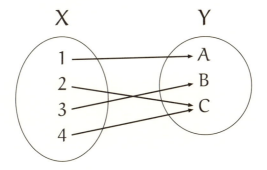

X から Y への《全射》の例

C のように、X からの対応がだぶる要素があってもいいが、もれがあってはいけない。

テトラ「《もれのない写像》が全射……」

僕「そして、両方の性質を持っている写像、つまり《もれなく、だぶりもない写像》を**全単射**と呼ぶ」

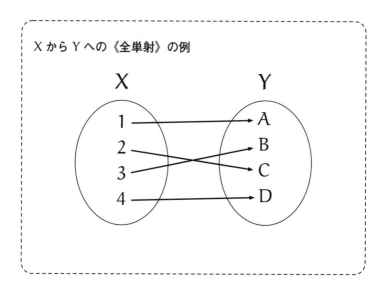

X から Y への《全単射》の例

テトラ「わかりました。あたしは対応という言葉で、この全単射のことしか考えていませんでした。もれがないし、だぶりもないのが大事というのはよくわかります」

僕「円順列を順列に帰着させて考えたときというのは、円順列全体と順列全体の間にある全単射を見つけたんだね」

テトラ「はい、そうですね」

僕「全単射が大事なのは、2つの集合の**要素数が等しくなるから**だよ。有限集合の話だけれど」

テトラ「なるほどなるほど!」

僕「だから、こんなふうにもいえる。何かたくさんの数を数えたいと思ったら、直接その数を数えるんじゃなくて、それと同じ数を持つ別のものを数えてもかまわない」

テトラ「それは、たとえば、円順列の数を数える代わりに、順列の数を数える……という意味ですね？」

僕「そうだね！ それはミルカさんがよく言う《構造を見抜く》という話に通じるなあ。円形に並ぶ並び方の数を求めることも大事だけど、円順列と順列の対応を見つけることのほうがずっと大事かもしれない。数を求めることは計算問題になっちゃうけど、《円順列で 1 人固定すれば順列になるぞ》という**対応を見つける**のは、もっと大事なことを発見してるよね」

テトラ「そうですね、円順列から順列へ……あっ！ 全単射を見つけるというのは、**《別世界へ行く道》**を見つけているんですねっ！ 円順列の世界から順列の世界へ行く道ですっ！」

僕「全単射なら、別世界へ行くだけじゃなくて、ちゃんと帰ってくる道も見つけているわけだね」

テトラ「そうですね！」

5.5 区別の有無

テトラ「がらっと話は変わるんですが……場合の数を考えるときに、いろんなものが出てきますよね。ボールや碁石や人や鉛筆やリンゴやミカンや……いろんなものを袋から取り出したり袋に入れたり一列に並べたり円形にしたり、大忙しです」

僕「あはは」

テトラちゃんは、いちいちジェスチャたっぷりに話すので、つい笑ってしまうな。

テトラ「何回か場合の数をまちがえて、やっとわかったことがあります。たとえば碁石です。碁石って、互いに**区別しない**ものの例として使われてますよね。白石と黒石はもちろん区別しますが、この黒石とあの黒石とは区別しません」

僕「ああ、そうだね」

テトラ「ですから『5個の黒石から2個の黒石を選ぶ場合の数』なんて問題は出ません。黒石は区別しないので、2個の黒石を選ぶ場合の数は1通りしかありませんから！」

僕「確かに。この黒石2個と、あの2個は区別しないからね」

テトラ「でも、人間の場合は**区別する**んですよ。この人とあの人は区別します。なので『5人から2人を選ぶ場合の数』という問題はあります。人間は1人1人を区別するので、この2人とあの2人は違うからです」

僕「なるほど。組み合わせになるね。$\binom{5}{2} = \frac{5 \cdot 4}{2 \cdot 1} = 10$通りだ」

テトラ「はい。『5人から2人を選んで**一列に並べる場合の数**』というときは、さらに注意が必要です。この場合はさらに順序が問題になりますよね」

僕「今度は順列だ。一列に並べるなら $5 \times 4 = 20$ 通り」

テトラ「それは、AとBの2人を選んでも、ABとBAでは違う並び方になるからで、ここでも**区別**が重要だと思いました」

僕「うん、《区別》は場合の数を考えるときにとても大事なキーワードだよね。さすがテトラちゃんだ」

テトラ「い、いえ……なんだか偉そうにすみません」

5.6 重複の度合い

僕「ねえ、テトラちゃんは、そういうキーワードをもっと発見してるんじゃない?」

テトラ「キーワード……《区別》のようなですか?」

僕「そうそう」

テトラ「キーワードといえるのか知りませんが、あたしがよくまちがえる条件はあります。たとえば**《重複》**です」

僕「なるほど」

テトラ「5人の人を一列に並ばせるとき、同じ人が二カ所に登場したりはしませんから、そういう意味では重複はありません。でも、白石黒石とり混ぜて5個の碁石を選ぶときには、黒石

を重複して選んでもかまいません。というか、重複させなかったら、白黒 2 種類しかない碁石で 5 個は選べません！」

僕「うん。重複——つまりだぶって選べるかということだよね」

テトラ「あっ！ もう一つ思い出しました。《少なくとも》というキーワードです」

僕「なるほど！」

テトラ「5 個の碁石を選ぶときに、《少なくとも 1 個は白石が入っていること》のような条件がよく問題に出てきます」

僕「そうだね。それは場合の数に限らず、数学ではよく出てくる大事な言葉だよね。やっぱりテトラちゃんだ」

テトラ「お、お恥ずかしいです」

5.7 言い換えの妙

僕「《区別》に、《重複》に、《少なくとも》……そういうキーワードに気を付ければ、《条件忘れのテトラちゃん》じゃなくなるんじゃないかな」

テトラ「だといいのですが……そうです、そうです。思い出しましたっ！ あたし、こんなふうに考えたことがあります」

僕「？」

テトラ「《区別しない》って、《数だけに注目する》ことです」

僕「おっ？ 数だけに注目？」

テトラ「黒石を《区別しない》のは、黒石の《数だけに注目する》の言い換えです。ですよね？」

僕「確かにね！《どの黒石を選ぶか》じゃなくて《何個の黒石を選ぶか》だけが重要だ」

テトラ「はい。それからこんなことも考えました。《重複しない》というのは、言い換えると "at most one" です」

僕「アット・モウスト・ワン。《多くとも1つ》《たかだか1つ》か……確かに、それは《重複しない》の言い換えだなあ。重複しなければ《0個か1個》だからね。なるほど」

テトラ「はい。それから何かが《少なくとも1つ》あるのは、言い換えると "at least one" です」

僕「アット・リースト・ワン。確かに。まあこれは言い換えというか、そのままだけどね」

テトラ「そうなんですが、あたし、この言い換えに気付いたとき、すごくうれしかったんです。それに気付くまでは……《区別》と《重複》と《少なくとも》という言葉に出会ってしばらくは、その3つの言葉をバラバラに感じていたからです」

僕「……」

テトラ「でも、あたし、気が付きました。《区別しない》は数に注目すること。《重複しない》は "at most one" のこと。《少なくとも1つ》は "at least one" になること。そのように言い換えられると気付いたとき、あたしの中でこの3つの言葉がつながったように感じられたんです。もうバラバラじゃなくて、この3つの言葉とお友達になれたような気がしたんです」

僕「なるほど。n を 0 以上の整数とするなら、《重複しない》は $n \leqq 1$ と書けて、《少なくとも 1 つ》は $n \geqq 1$ と書けるね」

$0 \leqq n \leqq 1$	"at most one"	多くとも 1 つ
		たかだか 1 つ
		重複しない
$1 \leqq n$	"at least one"	少なくとも 1 つ

テトラ「なるほどです」

僕「テトラちゃんは、ほんとうにすごいよ。テトラちゃんはそういうふうに納得していくんだね。言葉という武器で、自分の世界を切り拓いていくんだなあ」

テトラ「い、いえ、そんなすごいことじゃなくて、あたしはトロいので、なかなか理解が進まないだけなのです。そ、それに……そんなふうに理解しても、肝心の問題を解くときには、しょっちゅう条件を忘れてしまうので、意味なかったり……」

　テトラちゃんは、恥ずかしそうにそう言って頬を染める。そして、昼休み終了の予鈴が鳴る。

5.8　図書室

　放課後になった。
　いつものように数学をしようと僕が図書室に入ると、テトラちゃんとミルカさんが並んで書き物をしていた。書き物というか——問題に 2 人で挑戦しているようだ。

僕「テトラちゃん、問題？」

テトラ「あっ! 先輩っ! ちょっとお待ちくださいっ! ただいまバトル中っ!」

僕「バトルって……」

ミルカ「カード」

机の上には**村木先生からの**カードが置いてあった。

村木先生からのカード

n と r を 1 以上の整数とする。集合 $\{1, 2, 3, \ldots, n\}$ を、r 個の部分集合に分割しよう。ただし、分割した部分集合を空集合にしてはいけない。たとえば、$n = 4$ で $r = 3$ のとき、

$$\begin{aligned}\{1, 2, 3, 4\} &= \{1, 2\} \cup \{3\} \cup \{4\} \\ &= \{1, 3\} \cup \{2\} \cup \{4\} \\ &= \{1, 4\} \cup \{2\} \cup \{3\} \\ &= \{1\} \cup \{2, 3\} \cup \{4\} \\ &= \{1\} \cup \{2, 4\} \cup \{3\} \\ &= \{1\} \cup \{2\} \cup \{3, 4\}\end{aligned}$$

のように、**6 通りに分割**できる。このような分割の個数を、

$$\begin{Bmatrix} n \\ r \end{Bmatrix} = \begin{Bmatrix} 4 \\ 3 \end{Bmatrix} = 6$$

と書くことにする。

(裏面に続く)

僕は、カードを裏返す。

以下の $\begin{Bmatrix} n \\ r \end{Bmatrix}$ の表を完成させよ。

n＼r	1	2	3	4	5
1	1	0	0	0	0
2			0	0	0
3				0	0
4			6		0
5					

僕「なるほど。ミルカさんとテトラちゃんはこの問題を競争で解いているんだね」

2 人からの返事はない。
テトラちゃんは、脇目も振らずにノートに書き続けている。
ミルカさんは、その隣で腕組みをして目を閉じている。
僕もこの問題を考えてみようか。ええと……

◎　◎　◎

えーと、まず n と r という数が出てくる。「n と r を 1 以上の整数とする」のだから、$n = 1, 2, 3, \ldots$ で、$r = 1, 2, 3, \ldots$ ということ。

それから、集合 $\{1, 2, 3, \ldots, n\}$ が出てくる。うん、この集合は、《1 から n までの整数からなる集合》だな。

そしてこの集合を「r 個の部分集合に分割」する。ただし、空集合は除くと。

具体例を見てみよう。村木先生は問題を出すときに、誤解されないように例を出すことがある。これも《例示は理解の試金石》の一種か。出された例によって、問題に対する自分の理解を確かめることができる。

ここに出てくるのは $n = 4, r = 3$ の例だ。

n が 4 だから、$\{1, 2, 3, \ldots, n\}$ という集合は、

$$\{1, 2, 3, 4\}$$

になる。r が 3 だから、この 4 個の要素からなる集合を、3 個の部分集合に分割するわけだな。ただし空集合は除く。

僕はここでカードから目をそらし、頭の中で $\{1, 2, 3, 4\}$ を 3 個に分割してみる。たとえば……

たとえば、これは 3 個の部分集合に分割している例の一つだ。

$$\{1\} \text{ と } \{2\} \text{ と } \{3, 4\}$$

この分割では、3 と 4 が同じ部分集合に入ったけれど、これと似たパターンがいくつかあるな。2 と 4 を一緒にしたもの。

$$\{1\} \text{ と } \{3\} \text{ と } \{2, 4\}$$

あるいは、1 と 3 を一緒にしたもの。

$$\{2\} \text{ と } \{4\} \text{ と } \{1,3\}$$

ここまで考えてから、僕はカードに目を戻した。そこには村木先生の例が書いてある。これを見ると——

$$\begin{aligned}
\{1,2,3,4\} &= \{1,2\} \cup \{3\} \cup \{4\} \\
&= \{1,3\} \cup \{2\} \cup \{4\} \\
&= \{1,4\} \cup \{2\} \cup \{3\} \\
&= \{1\} \cup \{2,3\} \cup \{4\} \\
&= \{1\} \cup \{2,4\} \cup \{3\} \\
&= \{1\} \cup \{2\} \cup \{3,4\}
\end{aligned}$$

なるほど。和集合を表す ∪ を使って、全部で 6 通りの分割方法を書いている。うん、ここまでで分割方法はよく理解したと思う。

村木先生のカードでは、この分割の《場合の数》に注目している。カードには $\left\{ \begin{matrix} n \\ r \end{matrix} \right\}$ という表記法を使うと書かれているけど、これは定義だからこのまま受け止めるしかない。

$n = 4, r = 3$ で、$\{1,2,3,4\}$ を 3 個の部分集合に分割する場合の数は 6 通りある。これを、

$$\left\{ \begin{matrix} n \\ r \end{matrix} \right\} = \left\{ \begin{matrix} 4 \\ 3 \end{matrix} \right\} = 6$$

のように書く……なるほど。

そして、問題は**この表を完成させる**ことだ。

r n	1	2	3	4	5
1	1	0	0	0	0
2			0	0	0
3				0	0
4			6		0
5					

この表を見ると、すでに埋められているところがあるな。

まず目立つのは 0 がたくさん並んでいるところ。うん、これは $n < r$ のときの $\left\{ {n \atop r} \right\}$ だ。そりゃそうだ。《n 個の要素を r 個の部分集合に分割する》というのに、要素の個数 n よりも部分集合の個数 r のほうが多いなんて、そんな分割方法は存在しない。分割しているうちに要素が足りなくなってしまうから。だから、0 だと。

$$\left\{ {n \atop r} \right\} = 0 \quad (n < r \text{ のとき})$$

それから、表の左上。$n = 1$ の行と、$r = 1$ の列が交わるところに注目。つまり、$\left\{ {1 \atop 1} \right\}$ のところだ。《1 個の要素を 1 個の部分集合に分割する》というのは、$\{1\}$ という 1 通りしかない。

$$\left\{ {1 \atop 1} \right\} = 1$$

そして、さっき具体的に数えた $\begin{Bmatrix} 4 \\ 3 \end{Bmatrix}$ のところ。これは数えた通り6だ。

$$\begin{Bmatrix} 4 \\ 3 \end{Bmatrix} = 6$$

さて、表の残りの空欄は——

◎　　◎　　◎

　僕がそこまで考えたところで、ミルカさんが目を開け、自分のノートに一気に数を書き込んだ。

ミルカ「テトラ、できたよ。答え合わせをしよう」

テトラ「時間切れですか……！ 5の段がまだ途中なんですが」

僕「5の段って、まるで九九みたいだね」

ミルカ「テトラが先に話す」

テトラ「はい……あ、あたしはこの問題を読んだとき、意味がよくわかりませんでした。でも、$\begin{Bmatrix} 4 \\ 3 \end{Bmatrix}$ の例が書かれていたので、それを見て考えました」

$$\begin{aligned} \{1,2,3,4\} &= \{1,2\} \cup \{3\} \cup \{4\} \\ &= \{1,3\} \cup \{2\} \cup \{4\} \\ &= \{1,4\} \cup \{2\} \cup \{3\} \\ &= \{1\} \cup \{2,3\} \cup \{4\} \\ &= \{1\} \cup \{2,4\} \cup \{3\} \\ &= \{1\} \cup \{2\} \cup \{3,4\} \end{aligned}$$

ミルカ「ふむ」

僕「例があると理解しやすいよね」

テトラ「はい。これは《1から4までの整数を3個に分ける》という例です」

ミルカ「部分集合への分割」

テトラ「はい。そして、隠れた条件に気付きました。分割したときに《部分集合の順序は考えない》という条件です」

ミルカ「ふむ」

テトラ「つ、つまり、$\{1,2\} \cup \{3\} \cup \{4\}$ という分割と、$\{1,2\} \cup \{4\} \cup \{3\}$ という分割とを区別せず、同じものと見なす……ですよね？」

僕「そうみたいだね。それにしても、ちゃんとそういう条件を見つけるのは偉いなあ」

テトラ「あたしもたまには《条件忘れのテトラ》の汚名返上ですっ！」

ミルカ「話を続ける」

テトラ「問題がわかってきたので、あたしは《小さな数で試す》ことにしました。そして、表を眺めているうちに、すぐにわかるところがあると気付きました」

ミルカ「トリヴィアルな場合」

テトラ「trivial？……あ、そうですね。たとえば、$r = 1$ のときはすぐにわかります。だって《1個の部分集合に分割する》って《分割しない》ってことですから。$\{1, 2, 3, \ldots, n\}$ の1通

りしかないですよね！ だから、こうなります」

$$\begin{Bmatrix}2\\1\end{Bmatrix}=1,\ \begin{Bmatrix}3\\1\end{Bmatrix}=1,\ \begin{Bmatrix}4\\1\end{Bmatrix}=1,\ \begin{Bmatrix}5\\1\end{Bmatrix}=1$$

僕「うん、なるほど。これで縦が埋まるね。

$$\begin{Bmatrix}n\\1\end{Bmatrix}=1$$

ということだから」

r\n	1	2	3	4	5
1	1	0	0	0	0
2	1		0	0	0
3	1			0	0
4	1		6		0
5	1				

$\begin{Bmatrix}n\\1\end{Bmatrix}=1$ で表を埋める

ミルカ「ここまで、テトラは私と同じ順序で考えている」

テトラ「え、そ、そうですか！ うれしいです」

ミルカ「話を続ける」

テトラ「はい。続いて同じように trivial な場合を考えました」

僕「r = n の場合だね。**痛いっ！**」

　ミルカさんが向かい側の席から僕の足を蹴飛ばしてきた。

ミルカ「いまはテトラが発表中。話を先取りするな」

僕「あ——ごめん」

テトラ「先輩がおっしゃったように、r = n の場合を考えました。部分集合の数 r と要素の数 n とが等しいわけですから、これはつまり《全員ばらばら》になるしかありません。これは r = 1 の場合の正反対の状況ですが、場合の数としてはどちらも 1 通りです。r = 1 の場合には《全員いっしょ》の 1 通りで、r = n の場合には《全員ばらばら》の 1 通りです」

$$\begin{Bmatrix} n \\ r \end{Bmatrix} = 1 \quad (r = n \text{ の場合})$$

ミルカ「こう書いてもいい」

$$\begin{Bmatrix} n \\ n \end{Bmatrix} = 1$$

テトラ「両方に同じ n……なるほどです！」

僕「これで表の斜めが埋まったよ。空欄の残りは 5 個だね」

r \ n	1	2	3	4	5
1	1	0	0	0	0
2	1	1	0	0	0
3	1		1	0	0
4	1		6	1	0
5	1				1

$\left\{ {n \atop n} \right\} = 1$ で表を埋める

ミルカ「ここまで、テトラは私と同じ順序で考えている」

テトラ「そうなんですね。だとしたらミルカさんの数えるスピードがものすごく速いということですね……」

ミルカ「私は数えていない」

テトラ「え?」

僕「え?」

ミルカ「いまはテトラの発表中」

テトラ「つ、次にあたしがやったのは $n = 3, r = 2$ の場合を数え上げることでした。村木先生からのカードにあった書き方にならって書くと、こうなります。3 通りになりました」

$$\{1,2,3\} = \{1,2\} \cup \{3\}$$
$$= \{1,3\} \cup \{2\}$$
$$= \{1\} \cup \{2,3\}$$

$$\begin{Bmatrix} 3 \\ 2 \end{Bmatrix} = 3$$

ミルカ「ふむ」

僕「空欄が一つ埋まった」

r n	1	2	3	4	5
1	1	0	0	0	0
2	1	1	0	0	0
3	1	3	1	0	0
4	1		6	1	0
5	1				1

$\begin{Bmatrix} 3 \\ 2 \end{Bmatrix} = 3$ で表を埋める

テトラ「次は $n = 4, r = 2$ の場合です。根気よく考えていくと、6通りになりました」

$$\{1,2,3,4\} = \{1,2,3\} \cup \{4\}$$
$$= \{1,2,4\} \cup \{3\}$$
$$= \{1,2\} \cup \{3,4\}$$
$$= \{1,3\} \cup \{2,4\}$$
$$= \{1,4\} \cup \{2,3\}$$
$$= \{1\} \cup \{2,3,4\}$$

$$\begin{Bmatrix} 4 \\ 2 \end{Bmatrix} = 6 \quad (?)$$

ミルカ「違う。$\{1,3,4\} \cup \{2\}$ が抜けている」

テトラ「えっ……あっ！ ほんとですね。1個足りませんでした」

$$\{1,2,3,4\} = \{1,2,3\} \cup \{4\}$$
$$= \{1,2,4\} \cup \{3\}$$
$$= \{1,3,4\} \cup \{2\} \quad \leftarrow 抜けていた$$
$$= \{1,2\} \cup \{3,4\}$$
$$= \{1,3\} \cup \{2,4\}$$
$$= \{1,4\} \cup \{2,3\}$$
$$= \{1\} \cup \{2,3,4\}$$

$$\begin{Bmatrix} 4 \\ 2 \end{Bmatrix} = 7$$

僕「惜しかったね。でもこれで、$n \leqq 4$ の空欄は全部埋まったよ」

n \ r	1	2	3	4	5
1	1	0	0	0	0
2	1	1	0	0	0
3	1	3	1	0	0
4	1	7	6	1	0
5	1				1

$\left\{ {4 \atop 2} \right\} = 7$ で表を埋める

テトラ「そうですね……でも、あたしがたどり着いたのはここまでで、$n = 5$ は場合分けの途中なんです。ミルカさん、先ほどおっしゃっていた《数えていない》というのはどういう意味ですか」

ミルカ「求められているのは分割そのものではなく、分割の個数だ。《構造を見抜く》ことで個数がすぐにわかるところがある。では、彼に答えてもらおう。これは**クイズ**だ。$\left\{ {5 \atop 2} \right\}$ の値は?」

クイズ

$\left\{ {5 \atop 2} \right\}$ の値は？

r n	1	2	3	4	5
1	1	0	0	0	0
2	1	1	0	0	0
3	1	3	1	0	0
4	1	7	6	1	0
5	1	?			1

僕「おっと、いきなり僕にふるのか——といっても、数えてみないで構造が見抜けるわけないから、僕は数えるよ」

ミルカ「好きに」

僕「ええと、5個の要素を2個の部分集合に分割だから……」

$$\begin{aligned}
\{1,2,3,4,5\} &= \{1,2,3,4\} \cup \{5\} \\
&= \{1,2,3,5\} \cup \{4\} \\
&= \{1,2,4,5\} \cup \{3\} \\
&= \{1,3,4,5\} \cup \{2\} \\
&= \{2,3,4,5\} \cup \{1\} \\
&= \{1,2,3\} \cup \{4,5\} \\
&= \{1,2,4\} \cup \{3,5\} \\
&= \{1,2,5\} \cup \{3,4\} \\
&= \cdots
\end{aligned}$$

僕「……まてよ？」

テトラ「けっこう、大変ですよね」

僕「いや、確かに全部のパターンを作る必要はないよ、これ。こう考えればいい。《5個の要素を2個の部分集合に分割》というんだから、言い換えれば《5個の要素から何個か要素を選んで部分集合を1個作る》だけでいいんだよ！ だって、残りの要素を全部まとめて、もう1個の部分集合にすればいいんだから」

テトラ「え？」

僕「たとえば $\{1,2,3,4,5\}$ から $1,2,5$ を選んで $\{1,2,5\}$ という部分集合を作ったら、残りの要素 $3,4$ をまとめて $\{3,4\}$ という部分集合が自動的に決まる。それで、

$$\{1,2,3,4,5\} = \{1,2,5\} \cup \{3,4\}$$

という分割になる」

テトラ「はあ……そうですが」

僕「5 個の要素の一つ一つに対して、選ぶかどうかの 2 通りの選択肢があるんだから、全部で $2 \times 2 \times 2 \times 2 \times 2 = 2^5 = 32$ 通りがあるわけだよね。でも《全部選ぶ》と《全部選ばない》という選択肢は除かないといけない。なぜかというと部分集合が空集合になってはいけないから」

テトラ「なるほどです！ ということは $32 - 2 = 30$ 通り！」

僕「違う、違う。テトラちゃんがさっき言ったじゃないか。《部分集合の順序は考えない》という条件があるよね。たとえばいまの考え方で、$\{1,2,5\}$ を選んだ場合の分割 $\{1,2,5\} \cup \{3,4\}$ と、選ばなかった場合の分割 $\{3,4\} \cup \{1,2,5\}$ は同じと見なさなきゃ」

テトラ「あちゃちゃ！ あたしが自分で気付いたはずの条件だったのに……ということは、重複度の 2 で割るんですね」

僕「うん、きっとそうだよ。だから、$\begin{Bmatrix} 5 \\ 2 \end{Bmatrix} = \dfrac{32-2}{2} = 15$ 通りだね、ミルカさん！」

ミルカ「Exactly」

クイズの答え

n＼r	1	2	3	4	5
1	1	0	0	0	0
2	1	1	0	0	0
3	1	3	1	0	0
4	1	7	6	1	0
5	1	15			1

$$\left\{ {5 \atop 2} \right\} = 15$$

僕「なるほどね……」

ミルカ「いまの君の考え方はすぐに一般化できる。こうだ」

$$\left\{ {n \atop 2} \right\} = \frac{2^n - 2}{2} = 2^{n-1} - 1$$

僕「確かにそうだな……」

ミルカ「君なら、$\left\{ {n \atop 2} \right\}$ の数列 $0, 1, 3, 7, \ldots$ から $\left\{ {n \atop 2} \right\} = 2^{n-1} - 1$ にすぐ気付くと思ったんだが」

僕「うっ……なるほど。そこにもヒントが隠れていたのか」

ミルカ「パターンの発見は、《構造を見抜く》ヒント」

テトラ「ミルカさん、あの……」

ミルカ「何？」

テトラ「もしかしたら、$\begin{Bmatrix} 5 \\ 4 \end{Bmatrix}$ の値は 10 じゃないでしょうか」

ミルカ「正解。どうしてそう思った？」

テトラ「す、すみません。あてずっぽうです」

ミルカ「予想。どうしてそう予想した？」

テトラ「《パターンの発見は、構造を見抜くヒント》とミルカさんがおっしゃったので、斜めのパターンを見ていたんです。この $1, 3, 6, \ldots$ を。そして《三角数》かも！と思ったんです」

n \ r	1	2	3	4	5
1	1	0	0	0	0
2	1	1	0	0	0
3	1	3	1	0	0
4	1	7	6	1	0
5	1	15		?	1

$1, 3, 6, \ldots$ は三角数？

僕「確かに！」

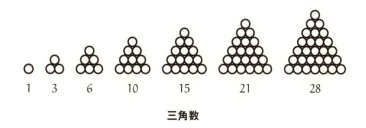

三角数

ミルカ「階差を取っても気付きそうだな。2 を加え、3 を加え、4 を加え……」

テトラ「なので、$\begin{Bmatrix} 5 \\ 4 \end{Bmatrix} = 10$ かなと、あてずっぽうですけれど」

ミルカ「予想」

僕「予想は証明すればいいよね。三角数ということは、$\frac{n(n-1)}{2}$ になることを示せばいいから、

$$\left\{ {n \atop n-1} \right\} = \frac{n(n-1)}{2}$$

を証明するんだね」

ミルカ「その形よりも、$\binom{n}{2}$ のほうがいい」

クイズ
次の等式が成り立つことを示せ（n は 2 以上の整数）。

$$\left\{ {n \atop n-1} \right\} = \binom{n}{2}$$

テトラ「あ、あの……どちらでも同じではないでしょうか？」

僕「だよね。$\binom{n}{2} = \frac{n \cdot (n-1)}{2 \cdot 1} = \frac{n(n-1)}{2}$ だから」

ミルカ「組み合わせ論的解釈で、証明が楽だ。こうなる」

> **クイズの答え**
> 《n 個の要素を $n-1$ 個の部分集合に分割する》というのは、《n 個の要素のうちどの 2 個を同じ部分集合に入れるかを決める》ということである。
> だから、$\left\{ {n \atop n-1} \right\}$ は《n 個の要素から 2 個の要素を選ぶ組み合わせの数》に等しい。すなわち、
> $$\left\{ {n \atop n-1} \right\} = \binom{n}{2}$$
> である。

僕「なるほど！」

テトラ「え、ええっと……たとえば、$n=4, r=3$ の場合は」

ミルカ「カードに書いてある例そのものだ」

$$\begin{aligned}
\{1,2,3,4\} &= \underline{\{1,2\}} \cup \{3\} \cup \{4\} & \{1,2\} \text{ を選んだ} \\
&= \underline{\{1,3\}} \cup \{2\} \cup \{4\} & \{1,3\} \text{ を選んだ} \\
&= \underline{\{1,4\}} \cup \{2\} \cup \{3\} & \{1,4\} \text{ を選んだ} \\
&= \{1\} \cup \underline{\{2,3\}} \cup \{4\} & \{2,3\} \text{ を選んだ} \\
&= \{1\} \cup \underline{\{2,4\}} \cup \{3\} & \{2,4\} \text{ を選んだ} \\
&= \{1\} \cup \{2\} \cup \underline{\{3,4\}} & \{3,4\} \text{ を選んだ}
\end{aligned}$$

テトラ「ほんとですね！ 4 個のうちどの 2 個を選ぶかで決まり

ます。これで $\begin{Bmatrix} 5 \\ 4 \end{Bmatrix} = 10$ です！」

僕「これで、表の空欄は残り 1 個だね」

n \ r	1	2	3	4	5
1	1	0	0	0	0
2	1	1	0	0	0
3	1	3	1	0	0
4	1	7	6	1	0
5	1	15	?	10	1

ミルカ「残りは一般的に考えたほうがわかりやすい」

テトラ「**一般的**にとは**具体的**にどういう意味でしょうか」

僕「それ、矛盾しているみたいな質問だけど、矛盾してないね」

ミルカ「具体的には $\begin{Bmatrix} n \\ r \end{Bmatrix}$ が満たす**漸化式を考える**という意味」

僕「漸化式か！」

テトラ「はあ……」

ミルカ「こう考える。$\begin{Bmatrix} n \\ r \end{Bmatrix}$ では、n 個の要素を r 個の部分集合に分割するわけだが、ある特定の要素に注目する。たとえば 1

に注目する」

テトラ「……もしかして、その 1 は《王様》ですか!?」

ミルカ「そうだ。テトラが好きな《1 人を固定して考える》だ。1 をテトラのいう《王様》としよう。そうすると、分割のパターンは《1 が単独で部分集合を作る》か《1 が他の要素とともに部分集合を作る》かのどちらかだ」

---

1 に注目した分割のパターン 2 種類
《1 が単独で部分集合を作る》パターン

$$\{1\} \cup \cdots$$

《1 が他の要素とともに部分集合を作る》パターン

$$\{1, \cdots\} \cup \cdots$$

僕「なるほど……」

ミルカ「いまは $\begin{Bmatrix} n \\ r \end{Bmatrix}$ を求めたい。まず、《1 が単独で部分集合を作る》場合の数は何通りあるか」

僕「わかるのかな……いや、わかる！ $\begin{Bmatrix} n-1 \\ r-1 \end{Bmatrix}$ だ！」

テトラ「なぜそんなことがわかるんですか!?」

僕「だって、王様の 1 を除いた残りの要素数は $n-1$ 個で、王様は 1 人で部分集合を 1 個もう作っちゃったから、あと作る必

要があるのは r − 1 個だよね」

テトラ「あ！」

僕「うん、だから、n − 1 個の要素を r − 1 個の部分集合に分割する数……それは $\left\{ {n-1 \atop r-1} \right\}$ だ」

ミルカ「そうなる」

テトラ「な、なるほど……それが《王様がたった1人になる》パターンの数になるのですね」

ミルカ「そして、もう一つのパターン、《1が他の要素とともに部分集合を作る》場合の数は？」

テトラ「もしかして今度は、$\left\{ {n-1 \atop r} \right\}$ ですか？」

ミルカ「なぜ？」

テトラ「さびしがりやの王様はどこかの仲間に入るわけなので、王様以外の n − 1 人で、部分集合 r 個を作ることになるからです」

僕「違うよ、テトラちゃん。惜しいけど違う。王様の1を除いた n − 1 人で、r 個の部分集合を作るところまではいいんだけど、r 個のうち、王様がどの部分集合に入るかは r 通りある。だから r 倍しなくちゃ！」

テトラ「あ！」

ミルカ「そう。だから、《1が他の要素とともに部分集合を作る》

場合の数は、$r\begin{Bmatrix} n-1 \\ r \end{Bmatrix}$ になる。そして、両方のパターンを加えた数は、$\begin{Bmatrix} n \\ r \end{Bmatrix}$ に等しい」

僕「確かに漸化式ができる！ こうだね」

$\begin{Bmatrix} n \\ r \end{Bmatrix}$ が満たす漸化式

$$\begin{Bmatrix} n \\ r \end{Bmatrix} = \begin{Bmatrix} n-1 \\ r-1 \end{Bmatrix} + r\begin{Bmatrix} n-1 \\ r \end{Bmatrix}$$

ミルカ「Exactly」

テトラ「漸化式……」

ミルカ「そして、これを使えばすぐに $\begin{Bmatrix} 5 \\ 3 \end{Bmatrix}$ が求められる」

$$\begin{aligned}
\begin{Bmatrix} n \\ r \end{Bmatrix} &= \begin{Bmatrix} n-1 \\ r-1 \end{Bmatrix} + r\begin{Bmatrix} n-1 \\ r \end{Bmatrix} &&\text{漸化式} \\
\begin{Bmatrix} 5 \\ 3 \end{Bmatrix} &= \begin{Bmatrix} 5-1 \\ 3-1 \end{Bmatrix} + 3\begin{Bmatrix} 5-1 \\ 3 \end{Bmatrix} &&n=5, r=3 \text{ を代入} \\
&= \begin{Bmatrix} 4 \\ 2 \end{Bmatrix} + 3\begin{Bmatrix} 4 \\ 3 \end{Bmatrix} \\
&= 7 + 3 \cdot 6 &&\text{表から} \\
&= 25
\end{aligned}$$

n \ r	1	2	3	4	5
1	1	0	0	0	0
2	1	1	0	0	0
3	1	3	1	0	0
4	1	7	6	1	0
5	1	15	25	10	1

($3 \times 6 = 18$ → 25, $7 + 18 = 25$)

漸化式で表を完成する($25 = 7 + 3 \times 6$)

テトラ「これって……これって、パスカルの三角形みたいですね」

僕「確かにそうだね」

ミルカ「違いは、左上と真上を加えるときに、真上に r を掛けるところ」

僕「そうか、この漸化式がわかれば全パターンを作って数える必要はなくて、上から順番に表を埋めていけるんだね」

テトラ「これで、表が全部埋まりました!」

村木先生からのカード(解答)

n \ r	1	2	3	4	5
1	1	0	0	0	0
2	1	1	0	0	0
3	1	3	1	0	0
4	1	7	6	1	0
5	1	15	25	10	1

僕「すごいなミルカさん」

僕がそう言うと、ミルカさんはすっと僕から目をそらす。そしてノートにさらさらと式を書いた。

$$\left\{ {n \atop r} \right\} = \sum_{k=1}^{n-1} \binom{n-1}{k} \left\{ {k \atop r-1} \right\}$$

ミルカ「パスカルの三角形といえば、組み合わせの数 $\binom{n}{r}$ が出てくる。今回の $\left\{ {n \atop r} \right\}$ との間にはこういう関係式が成り立つ」

$\binom{n}{r}$ と $\left\{{n \atop r}\right\}$ の関係

$$\left\{{n \atop r}\right\} = \sum_{k=1}^{n-1} \binom{n-1}{k} \left\{{k \atop r-1}\right\}$$

※ただし $n > 1, r > 1$ とする。

テトラ「うわっ！ またこれは複雑な式ですね……」

僕「これは──$\sum$ を展開すると、こういうこと？」

$\dbinom{n}{r}$ と $\left\{ {n \atop r} \right\}$ の関係

$$\left\{ {n \atop r} \right\} = \binom{n-1}{1} \left\{ {1 \atop r-1} \right\}$$
$$+ \binom{n-1}{2} \left\{ {2 \atop r-1} \right\}$$
$$+ \binom{n-1}{3} \left\{ {3 \atop r-1} \right\}$$
$$+ \cdots$$
$$+ \binom{n-1}{k} \left\{ {k \atop r-1} \right\}$$
$$+ \cdots$$
$$+ \binom{n-1}{n-1} \left\{ {n-1 \atop r-1} \right\}$$

※ただし $n > 1, r > 1$ とする。

ミルカ「そう」

僕「成り立つか、試してみるね。$n = 4, r = 3$ のとき……」

$$
\begin{aligned}
《左辺》 &= \begin{Bmatrix} 4 \\ 3 \end{Bmatrix} \\
&= 6 \\
《右辺》 &= \binom{4-1}{1}\begin{Bmatrix} 1 \\ 3-1 \end{Bmatrix} + \binom{4-1}{2}\begin{Bmatrix} 2 \\ 3-1 \end{Bmatrix} + \binom{4-1}{3}\begin{Bmatrix} 3 \\ 3-1 \end{Bmatrix} \\
&= \binom{3}{1}\begin{Bmatrix} 1 \\ 2 \end{Bmatrix} + \binom{3}{2}\begin{Bmatrix} 2 \\ 2 \end{Bmatrix} + \binom{3}{3}\begin{Bmatrix} 3 \\ 2 \end{Bmatrix} \\
&= \frac{3}{1}\begin{Bmatrix} 1 \\ 2 \end{Bmatrix} + \frac{3 \cdot 2}{2 \cdot 1}\begin{Bmatrix} 2 \\ 2 \end{Bmatrix} + \frac{3 \cdot 2 \cdot 1}{3 \cdot 2 \cdot 1}\begin{Bmatrix} 3 \\ 2 \end{Bmatrix} \\
&= 3 \cdot 0 + 3 \cdot 1 + 1 \cdot 3 \\
&= 6
\end{aligned}
$$

僕「確かにどちらも 6 だ。成り立っているなあ」

テトラ「不思議……」

ミルカ「考えればすぐにわかる。和の本体になっている $\binom{n-1}{k}\begin{Bmatrix} k \\ r-1 \end{Bmatrix}$ だけ説明しよう。本質は一言で言える」

テトラ「はい」

ミルカ「この式は、《王様の敵が k 人いる》として場合分けをしているのだ」

僕「おっと!」

テトラ「王様の敵?」

ミルカ「全体で n 人いて、1 という《王様》以外は n−1 人いる。王様の敵……すなわち分割で《1 と違う部分集合に入る人》が k 人とするとき、その選び方は n−1 人から k 人を選ぶ組

み合わせなので、$\binom{n-1}{k}$ になる」

僕「うんうん」

テトラ「……」

ミルカ「王様の敵が k 人いるということは、それ以外の王様の仲間は n − k − 1 人いる。そして《王様と仲間たち》が 1 個の部分集合を作る」

僕「そうか……残りは敵が作るんだね」

ミルカ「残りの r − 1 個の部分集合は、王様の敵である k 人を分割して作る。その場合の数はもちろん $\left\{\begin{matrix}k\\r-1\end{matrix}\right\}$ になる」

僕「その両方を掛ければいい!」

ミルカ「そうなる。《王様の敵が k 人いる》場合というのは、$\binom{n-1}{k}\left\{\begin{matrix}k\\r-1\end{matrix}\right\}$ 通りあることになる」

テトラ「……」

僕「あとは足し合わせるのか」

ミルカ「そうだ。《王様の敵》の人数として起こりうるのは、k = 1, 2, 3, . . . , n − 1 で、これらをすべて足し合わせる」

$\dbinom{n}{r}$ と $\left\{ \begin{matrix} n \\ r \end{matrix} \right\}$ の関係

$$\left\{ \begin{matrix} n \\ r \end{matrix} \right\} = \sum_{k=1}^{n-1} \binom{n-1}{k} \left\{ \begin{matrix} k \\ r-1 \end{matrix} \right\}$$

※ただし $n > 1, r > 1$ とする。

テトラ「難しいですね……あたしは、まだ、この式を十分理解していないんですが、《意味を考えることの意味》は少しわかったような気がします」

僕「意味を考えることの意味?」

テトラ「はい。王様を決めたり、王様を1人にしたり、仲間と合わせたり、敵を分割したり……そういったことが、ちゃんと数式に対応しているんです。すべての場合分けができた後は、足し合わせれば場合の数が求められますし」

ミルカ「それが**組み合わせ論的解釈**だ。組み合わせ論的解釈を行うことで、場合の数の関係式が成り立つことが証明できる」

テトラ「組み合わせ論的解釈……」

ミルカ「数式だけではわかりにくいときも、組み合わせ論的解釈を合わせて考えることで、理解が進む」

瑞谷女史「下校時間です」

司書の瑞谷先生の宣言で、僕たちの数学トークは一区切り。

場合分けの数だけで、僕たちはずっと語り合っていられる。

この章に登場した $\left\{ {n \atop r} \right\}$ は「第2種スターリング数」(Stirling subset numbers) と呼ばれています。

参考文献

- コンウェイ、ガイ『数の本』(丸善出版)
- グレアム、パタシュニク、クヌース『コンピュータの数学』(共立出版)
- D.E.Knuth, "The Art of Computer Programming, Vol.4A"

"世界を知るために、地図を描こう。"

第5章の問題

●**問題 5-1**（単射の個数）

p. 216 に単射の話が出てきました。3個の要素を持つ集合 $X = \{1, 2, 3\}$ と、4個の要素を持つ集合 $Y = \{A, B, C, D\}$ を考えます。以下の図では X から Y への単射のうち 2 個を描きました。

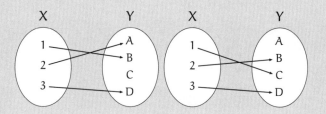

X から Y への単射は全部で何個あるでしょうか。

（解答は p. 299）

●問題 5-2（全射の個数）

p. 217 に全射の話が出てきました。5 個の要素を持つ集合 $X = \{1, 2, 3, 4, 5\}$ と、2 個の要素を持つ集合 $Y = \{A, B\}$ を考えます。以下の図では A から B への全射のうち 2 個を描きました。

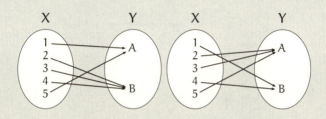

X から Y への全射は全部で何個あるでしょうか。

（解答は p. 301）

● **問題 5-3**（集合の分割）

n 個の要素を持つ集合を、空集合ではない r 個の部分集合に分割する方法の数 $\left\{ \begin{array}{c} n \\ r \end{array} \right\}$ が本文に出てきました。村木先生のカードに出てきた表よりも一回り大きな表を完成させましょう。

r n	1	2	3	4	5	6
1	1	0	0	0	0	0
2	1	1	0	0	0	0
3	1		1	0	0	0
4	1			1	0	0
5	1				1	0
6	1					1

（解答は p.303）

エピローグ

　ある日、あるとき。数学資料室にて。

少女「うわあ、いろんなものあるっすね！」

先生「そうだね」

少女「先生、これは何？」

　　　+++−−−　　++−+−−　　++−−+−　　+−++−−　　+−+−+−

先生「何だと思う？」

少女「"+" と "−" をどちらも3個ずつ並べたもの？」

先生「条件はそれだけじゃないよ。左から順に見ていったとき《"+" の個数は常に "−" の個数以上》という条件が付く」

少女「その条件にどんな意味が？」

先生「こっちを見てごらん」

　　　(((())))　(()())　(())()　()(())　()()()

少女「"+" を "(" にして、"−" を ")" にしたものっすね」

$$
\begin{array}{ccc}
+ & \longleftrightarrow & (\\
- & \longleftrightarrow &)
\end{array}
$$

先生「うん、そういう**対応**を付けたわけだ。こうすれば、さっきの条件は《開きカッコと閉じカッコがきちんと呼応する》といえるね」

少女「先生、これは何?」

先生「何だと思う?」

少女「山がだんだん小さくなる順序に並んでいて……わかりました、先生。+を ↗ に、−を ↘ にする?」

先生「そうだね。そのように対応を付けることができる。3個の ↗ と、3個の ↘ を並べて、決して地面にもぐらないようにする並べ方はこの5通りになる。カタラン数 $C_3 = 5$ だよ」

少女「それなら、こんな対応を付けてもいいっすよ」

$$
\begin{array}{ccc}
+++--- & \longleftrightarrow & 1+1+1+1-1-1-1 \\
++-+-- & \longleftrightarrow & 1+1+1-1+1-1-1 \\
++--+- & \longleftrightarrow & 1+1+1-1-1+1-1 \\
+-++-- & \longleftrightarrow & 1+1-1+1+1-1-1 \\
+-+-+- & \longleftrightarrow & 1+1-1+1-1+1-1
\end{array}
$$

先生「それはそうだね。1を補って式を作るなら《途中までの和が必ず正で、最後に0になる》式に対応することになる。た

とえば $1+1-1+1+1-1-1-1$ なら、

$$\begin{cases} 1 = \boxed{1} \\ 1+1 = \boxed{2} \\ 1+1-1 = \boxed{1} \\ 1+1-1+1 = \boxed{2} \\ 1+1-1+1+1 = \boxed{3} \\ 1+1-1+1+1-1 = \boxed{2} \\ 1+1-1+1+1-1-1 = \boxed{1} \\ 1+1-1+1+1-1-1-1 = 0 \end{cases}$$

だからね。途中までの和は $1, 2, 1, 2, 3, 2, 1$ ですべて正」

少女「ということは $\langle 1, 2, 1, 2, 3, 2, 1 \rangle$ のような「並び」の個数も、$C_3 = 5$ 個になります？」

$1+1+1+1-1-1-1$	←----→	$\langle 1, 2, 3, 4, 3, 2, 1 \rangle$
$1+1+1-1+1-1-1$	←----→	$\langle 1, 2, 3, 2, 3, 2, 1 \rangle$
$1+1+1-1-1+1-1$	←----→	$\langle 1, 2, 3, 2, 1, 2, 1 \rangle$
$1+1-1+1+1-1-1$	←----→	$\langle 1, 2, 1, 2, 3, 2, 1 \rangle$
$1+1-1+1-1+1-1$	←----→	$\langle 1, 2, 1, 2, 1, 2, 1 \rangle$

先生「その通り。その発見はすばらしい！」

少女「だって、対応を作ればいいんですから！」

先生「初めの $\underline{1, 2}$ と終わりの $\underline{2, 1}$ は削ってもいいな」

$\langle \underline{1, 2}, 3, 4, 3, \underline{2, 1} \rangle$	←----→	$\langle 3, 4, 3 \rangle$
$\langle \underline{1, 2}, 3, 2, 3, \underline{2, 1} \rangle$	←----→	$\langle 3, 2, 3 \rangle$
$\langle \underline{1, 2}, 3, 2, 1, \underline{2, 1} \rangle$	←----→	$\langle 3, 2, 1 \rangle$
$\langle \underline{1, 2}, 1, 2, 3, \underline{2, 1} \rangle$	←----→	$\langle 1, 2, 3 \rangle$
$\langle \underline{1, 2}, 1, 2, 1, \underline{2, 1} \rangle$	←----→	$\langle 1, 2, 1 \rangle$

少女「でも、これって何の列でしょう？」

$\langle 3,4,3 \rangle$　$\langle 3,2,3 \rangle$　$\langle 3,2,1 \rangle$　$\langle 1,2,3 \rangle$　$\langle 1,2,1 \rangle$

先生「うん。これだけだとわからないから、もとの図形に戻ってみよう。この点の個数を表しているわけだね」

少女「……」

先生「左端と右端は必ず 3 または 1 になる。途中は必ず隣と ±1 になっている」

少女「先生、1, 2 と 2, 1 を削ったということは、左端の "+" と右端の "−" を削ったんですね？」

```
+++−−        ←----→        ++−−
++−+−        ←----→        +−+−
++−−+−       ←----→        +−−+
+−++−        ←----→        −++−
+−+−+−       ←----→        −+−+
```

先生「そうなるね」

少女「順序がわかりました！」

先生「順序？」

少女「縦に並べたほうがはっきりしますね！」

$$++--$$
$$+-+-$$
$$+--+$$
$$-++-$$
$$-+-+$$

先生「何がはっきりするんだろう」

少女「もちろん、規則性っすよ。＋と－を並べたものを、どういう順序で並べるかの規則性」

先生「？」

少女「＋を0に置き換えて、－を1に置き換えて2進数だと思うと、小さい順です！」

++--	←----→	$0011_2 = 3_{10}$
+-+-	←----→	$0101_2 = 5_{10}$
+--+	←----→	$0110_2 = 6_{10}$
-++-	←----→	$1001_2 = 9_{10}$
-+-+	←----→	$1010_2 = 10_{10}$

先生「なるほど！ それには気付かなかったな」

少女「順序にも意味ありっすね……そして、謎の数列登場！」

$$3 \quad 5 \quad 6 \quad 9 \quad 10$$

少女はそう言って「くふふっ」と笑った。

【解答】
ANSWERS

第1章の解答

●問題 1-1（円順列）
6個の席が円形に配置されている丸テーブルがあり、そこに6人が座る。このとき、着席方法は全部で何通りか。

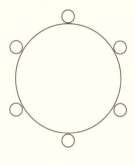

■解答 1-1

1人を固定する方法（p.37）と同じように考えます。

ある1人の人を固定して考えると、求める着席方法の数は、$6-1=5$ 人が一列に並ぶ順列の数に等しくなります。したがって、

$$5! = 5 \times 4 \times 3 \times 2 \times 1 = 120$$

より、120通りが答えとなります。

答　120 通り

別解

重複度で割る方法（p. 37）と同じように考えます。

6 人が 6 個の席に座る着席方法は 6! 通りありますが、丸テーブルの場合には、それぞれの着席方法は 6 倍に数えられてしまいます。したがって 6! を重複度の 6 で割った、

$$\frac{6!}{6} = 5! = 120$$

より、120 通りが答えとなります。

答　120 通り

● **問題 1-2**（豪華な特別席）

6個の席が円形に配置されている丸テーブルがあり、そこに6人が座る。ただし、一つの椅子だけが豪華な特別席となっている。このとき、着席方法は全部で何通りか。

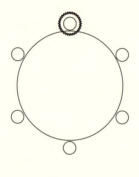

■解答 1-2

特別席からたとえば右回りに考えて、一列に並んだ6個の椅子に着席すると考えます。したがって、

$$6! = 6 \times 5 \times 4 \times 3 \times 2 \times 1 = 720$$

より、720通りが答えとなります。

答 720通り

別解

6人を A, B, C, D, E, F とし、特別席に誰が座るかで場合分けをします。

- 特別席に A が座る場合、
  残りの 5 人の座り方は 5! 通りあります。
- 特別席に B が座る場合、
  残りの 5 人の座り方は 5! 通りあります。
- 特別席に C が座る場合、
  残りの 5 人の座り方は 5! 通りあります。
- 特別席に D が座る場合、
  残りの 5 人の座り方は 5! 通りあります。
- 特別席に E が座る場合、
  残りの 5 人の座り方は 5! 通りあります。
- 特別席に F が座る場合、
  残りの 5 人の座り方は 5! 通りあります。

したがって、
$$6 \times 5! = 720$$

より、720 通りが答えとなります。

答 720 通り

● 問題 1-3（数珠順列）

6個の異なる宝石を使って輪にし、ブレスレットを作る。何種類のブレスレットが作れるか。

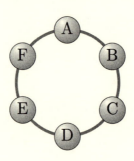

■ 解答 1-3

p.33 と同じように考えます。

6個の異なる宝石を円上に並べる円順列を考えますが、裏返したものを同一視できますので、重複度の2で割ります。したがって、

$$\frac{(6-1)!}{2} = \frac{5 \times 4 \times 3 \times 2 \times 1}{2} = 60$$

より、60種類が答えとなります。

答 60種類

第2章の解答

●**問題 2-1**（階乗）

次の計算をしてください。

① $3!$

② $8!$

③ $\dfrac{100!}{98!}$

④ $\dfrac{(n+2)!}{n!}$　　（n は 0 以上の整数）

■**解答 2-1**

① $3! = 3 \times 2 \times 1 = 6$

② $8! = 8 \times 7 \times 6 \times 5 \times 4 \times 3 \times 2 \times 1 = 40320$

③

$$\begin{aligned}\frac{100!}{98!} &= \frac{100 \times 99 \times 98 \times \cdots \times 1}{98 \times \cdots \times 1} \\ &= 100 \times 99 \qquad\qquad\text{98 × ⋯ × 1 で約分した}\\ &= 9900\end{aligned}$$

④

$$\begin{aligned}\frac{(n+2)!}{n!} &= \frac{(n+2) \times (n+1) \times n \times \cdots \times 1}{n \times \cdots \times 1} \\ &= \frac{(n+2)(n+1) \times n!}{n!} \\ &= (n+2)(n+1) \qquad\qquad\text{n! で約分した}\end{aligned}$$

●問題 2-2（組み合わせ）

生徒 8 人から、バスケットボールの選手 5 人を選ぶことにします。選び方は何通りありますか。

■解答 2-2

以下のように組み合わせの数 $\binom{8}{5}$ を計算します。

$$\begin{aligned}\binom{8}{5} &= \frac{8 \times 7 \times 6 \times 5 \times 4}{5 \times 4 \times 3 \times 2 \times 1} \\ &= \frac{8 \times 7 \times 6}{3 \times 2 \times 1} \qquad\qquad\text{5 × 4 で約分した}\\ &= 56\end{aligned}$$

答 56 通り

別解

「生徒 8 人から、バスケットボールの選手 5 人を選ぶ組み合わせ」は、「生徒 8 人から、バスケットボールの選手になれなかった 3 人を選ぶ組み合わせ」であると考え、組み合わせの数 $\binom{8}{3}$ を計算します。

$$\begin{aligned}\binom{8}{3} &= \frac{8 \times 7 \times 6}{3 \times 2 \times 1} \\ &= 56\end{aligned}$$

答 56 通り

●問題 2-3（まとまりを作る）

下図のように、円状に並んだ6文字があります。

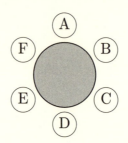

隣り合っている文字同士で1文字以上のまとまりを3個作るとき、作り方は何通りありますか。まとまりの例を以下に示します。

■解答 2-3

「まとまりを作る」と考えるのではなく、以下の図のように「区切りを入れる」と考えます。

円状に並んだ6文字には6カ所にすきまがあり、そのうち3カ所に区切りを入れることになるので、求めるまとまりの作り方は、6カ所から3カ所を選ぶ組み合わせとして、

$$\binom{6}{3} = \frac{6 \times 5 \times 4}{3 \times 2 \times 1} = 20$$

通りになります。

答 20通り

●問題 2-4（組み合わせ論的解釈）
以下の左辺は「$n+1$人から$r+1$人を選ぶ組み合わせの数」を表しています。$n+1$人のうちの1人を《王様》と定めることで、以下の式が成り立つ説明を考えてください。

$$\binom{n+1}{r+1} = \binom{n}{r} + \binom{n}{r+1}$$

ただし、nとrは0以上の整数で、$n \geq r+1$とします。

■解答 2-4
「$n+1$人から$r+1$人を選ぶ組み合わせ」を考えるとき、選ぶ$r+1$人に《王様》が入っているかどうかで場合分けをします。
場合① 選ぶ$r+1$人に《王様》が入っている組み合わせの数は、《王様》を除いたn人からr人を選ぶ組み合わせの数に等しくなります（《王様》が入ることはすでに決まっているので、残りr人を選べばよいから）。それは、

$$\binom{n}{r}$$

通りです。

場合② 選ぶ $r+1$ 人に《王様》が入っていない組み合わせの数は、《王様》を除いた n 人から $r+1$ 人を選ぶ組み合わせの数に等しくなります。それは、

$$\binom{n}{r+1}$$

通りです。

したがって、

$$\binom{n+1}{r+1} = \underbrace{\binom{n}{r}}_{\text{場合①}} + \underbrace{\binom{n}{r+1}}_{\text{場合②}}$$

が成り立ちます。

第3章の解答

●**問題 3-1**（ヴェン図）
下図の 2 つの集合 A, B に対し、
次の式で表される集合をヴェン図で表しましょう。

① $\overline{A} \cap B$
② $A \cup \overline{B}$
③ $\overline{A} \cap \overline{B}$
④ $\overline{A \cup B}$

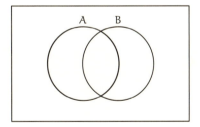

解答3-1 (ヴェン図)

① $\overline{A} \cap B$

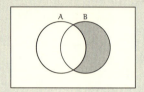

② $A \cup \overline{B}$

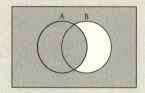

③ $\overline{A} \cap \overline{B}$

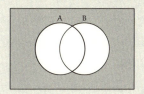

④ $\overline{A \cup B}$

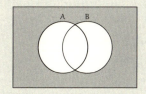

補足

③と④が同じ集合になることに気が付きましたか。つまり、2つの集合 A, B に対して、

$$\overline{A} \cap \overline{B} = \overline{A \cup B}$$

という式が常に成り立つのです。また、

$$\overline{A} \cup \overline{B} = \overline{A \cap B}$$

という式も常に成り立ちます。

これを合わせて**ド・モルガンの法則**といいます。

●問題 3-2（共通部分）

全体集合 U と、2つの集合 A, B を次のように定めた場合、共通部分 A ∩ B はそれぞれどんな集合を表すでしょうか。

①

 U =《0 以上の整数全体の集合》
 A =《3 の倍数全体の集合》
 B =《5 の倍数全体の集合》

②

 U =《0 以上の整数全体の集合》
 A =《30 の約数全体の集合》
 B =《12 の約数全体の集合》

③

 U =《2 個の実数 x, y の組 (x, y) 全体の集合》
 A =《$x + y = 5$ を満たす (x, y) の組全体の集合》
 B =《$2x + 4y = 16$ を満たす (x, y) の組全体の集合》

④

 U =《0 以上の整数全体の集合》
 A =《奇数全体の集合》
 B =《偶数全体の集合》

解答 3-2（共通部分）

①

集合 A, B を具体的に書くと、

$$A = \{0, 3, 6, 9, 12, 15, 18, 21, 24, 27, 30, 33, \ldots\}$$
$$B = \{0, 5, 10, 15, 20, 25, 30, 35, \ldots\}$$

となります。ですから A と B の共通部分 $A \cap B$ は、

$$A \cap B = \{0, 15, 30, \ldots\}$$

となります。
他にも以下のように答えられます。

$A \cap B =$《3 の倍数かつ 5 の倍数である数全体の集合》

$A \cap B =$《3 と 5 の**公倍数**全体の集合》

$A \cap B =$《15 の倍数全体の集合》

ここで出てきた数 15 は、3 と 5 の**最小公倍数**です。

②

集合 A, B を具体的に書くと、

$$A = \{1, 2, 3, 5, 6, 10, 15, 30\}$$
$$B = \{1, 2, 3, 4, 6, 12\}$$

となります。ですから A と B の共通部分 $A \cap B$ は、

$$A \cap B = \{1, 2, 3, 6\}$$

となります。
他にも以下のように答えられます。

$A \cap B = $《30 の約数かつ 12 の約数である数全体の集合》

$A \cap B = $《30 と 12 の**公約数**全体の集合》

$A \cap B = $《6 の約数全体の集合》

ここで出てきた数 6 は、30 と 12 の**最大公約数**です。

③

集合 A は、《$x + y = 5$ を満たす (x, y) の組全体の集合》なので、座標平面では直線 $x + y = 5$ 上にある点 (x, y) 全体の集合になります。

集合 B は、《$2x + 4y = 16$ を満たす (x, y) の組全体の集合》なので、座標平面では直線 $2x + 4y = 16$ 上にある点 (x, y) 全体の集合になります。

ですから A と B の共通部分 $A \cap B$ は、この二直線の**交点**となります。

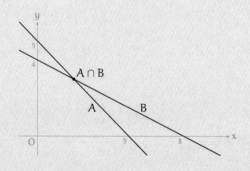

連立方程式、

$$\begin{cases} x + y = 5 \\ 2x + 4y = 16 \end{cases}$$

を解けば交点 $(x, y) = (2, 3)$ が得られます。

したがって、
$$A \cap B = 《要素が (2,3) のみからなる集合》$$
となります。これは、
$$A \cap B = \{(2,3)\}$$
と書くこともできます。

④

集合 A, B を具体的に書くと、
$$A = \{1, 3, 5, 7, 9, 11, 13, \ldots\}$$
$$B = \{0, 2, 4, 6, 8, 10, 12, \ldots\}$$
となります。ですから A と B の共通部分 $A \cap B$ には要素が1個もありません。したがって、
$$A \cap B = 《空集合》$$
となります。これは、以下のように書くこともあります。
$$A \cap B = \{\}$$
$$A \cap B = \emptyset$$

●問題 3-3（和集合）

全体集合 U と、2 つの集合 A, B を次のように定めた場合、和集合 A∪B はそれぞれどんな集合を表すでしょうか。

①
  U = 《0 以上の整数全体の集合》
  A = 《3 で割ると、余りが 1 になる数全体の集合》
  B = 《3 で割ると、余りが 2 になる数全体の集合》

②
  U = 《実数全体の集合》
  A = 《$x^2 < 4$ を満たす実数 x 全体の集合》
  B = 《$x \geq 0$ を満たす実数 x 全体の集合》

③
  U = 《0 以上の整数全体の集合》
  A = 《奇数全体の集合》
  B = 《偶数全体の集合》

■解答 3-3

①

集合 A, B を具体的に書くと、

$$A = \{1, 4, 7, 10, \ldots\}$$
$$B = \{2, 5, 8, 11, \ldots\}$$

となります。ですから A と B の和集合 A∪B は、

$$A \cup B = \{1, 2, 4, 5, 7, 8, 10, 11 \ldots\}$$

と表せます。

他にも以下のように表せます。

$A \cup B = $《3 で割ると、余りが 1 か 2 になる数全体の集合》

$A \cup B = $《3 で割り切れない数全体の集合》

$A \cup B = $《3 の倍数ではない数全体の集合》

$A \cup B = $《3 の倍数全体の集合の、補集合》

②

集合 A は《$x^2 < 4$ を満たす実数 x 全体の集合》なので、《$-2 < x < 2$ を満たす実数 x 全体の集合》と言い換えることができます。集合 A, B ならびに $A \cup B$ を図示すると、

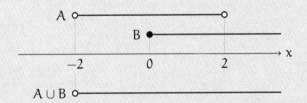

となりますので、集合 $A \cup B$ は、

$A \cup B = $《$x > -2$ を満たす実数 x 全体の集合》

といえます。これは、

$$A \cup B = \{x \mid x > -2\}$$

と書くこともあります。

③

集合 A, B を具体的に書くと、

$$A = \{1, 3, 5, 7, 9, 11, 13, \ldots\}$$
$$B = \{0, 2, 4, 6, 8, 10, 12, \ldots\}$$

となります。したがって、

$$A \cup B = \{0, 1, 2, 3, 4, 5, \ldots\}$$

となります。つまり、A と B の和集合 A∪B は全体集合 U に等しくなります。

$$A \cup B = U$$

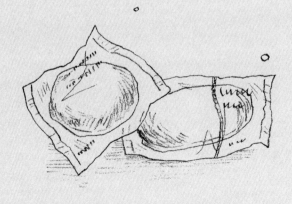

第4章の解答

●**問題 4-1**（すべての握手）

テトラちゃんは、p.175 で、8 人が握手するすべてのパターンを描こうとしていました。あなたも、14 通りすべてを描いてみましょう。

■**解答 4-1**

たとえば、以下のようになります。これは《A は誰と手をつなぐか》で分類しました。

290 解答

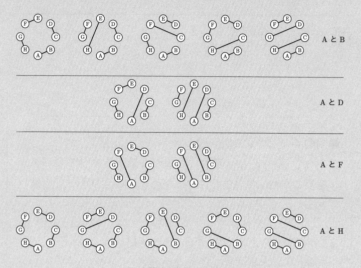

Aは誰と手をつなぐか

●問題 4-2(マス目状の道)

次のように 4×4 のマス目状になった道があります。この道をたどり、最短距離で S から G まで行く経路の数を求めてください。ただし、川は渡れません。

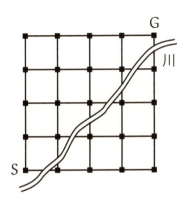

■解答 4-2

各交差点に来る経路数は、左の交差点の経路数と下の交差点の経路数を加えたものになります。次の図のように、S から順に経路数を記入していけば、G に来る経路数は 14 個であることがわかります。

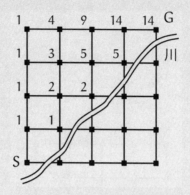

<u>答 14 個</u>

別解

川で渡れない道を整理すると、次の図のように上と右に行く道が残ります。上に行く道を ↗ と考え、右に行く道を ↘ と考えれば、この問題は第4章の《経路問題》と同じになります。したがって、求める経路の数は、カタラン数 $C_4 = 14$ に等しくなります。

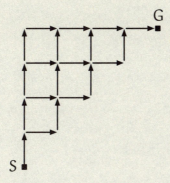

答 14 個

●問題 4-3(並べたコイン)

最初にコインを一列に並べておき、その上にさらにコインを置く場合の数を考えます。ただし、下に並んだコインのうち、少なくとも 2 枚に接するように置かなくてはいけません。たとえば、最初に並べるコインが 3 枚のとき、置き方は以下の 5 通りになります。

では、最初に並べるコインが 4 枚の場合には何通りになるでしょうか。

■解答 4-3

コインを三角形に置き換え、それを山に見立てます。すると、コインの並べ方は、山に登る矢印と山から下りる矢印の並べ方に対応していることがわかります。以下に最初に並べるコインが3枚のときのようすを示します。

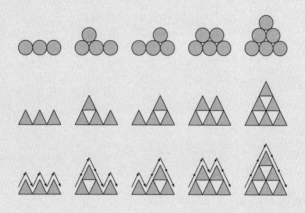

ですから、これは第4章の《経路問題》と同じ問題になります。したがって、最初に並べるコインが4枚の場合、コインを並べる場合の数は、カタラン数 $C_4 = 14$ に等しくなります。

答 14通り

●**問題 4-4**（賛成・反対）

以下の条件を満たす数の組 $\langle b_1, b_2, \ldots, b_8 \rangle$ は何個あるでしょうか。

$$\begin{cases} b_1 \geqq 0 \\ b_1 + b_2 \geqq 0 \\ b_1 + b_2 + b_3 \geqq 0 \\ b_1 + b_2 + b_3 + b_4 \geqq 0 \\ b_1 + b_2 + b_3 + b_4 + b_5 \geqq 0 \\ b_1 + b_2 + b_3 + b_4 + b_5 + b_6 \geqq 0 \\ b_1 + b_2 + b_3 + b_4 + b_5 + b_6 + b_7 \geqq 0 \\ b_1 + b_2 + b_3 + b_4 + b_5 + b_6 + b_7 + b_8 = 0 \quad \text{（等号）} \\ b_1, b_2, \ldots, b_8 \text{ はすべて } 1 \text{ か } -1 \text{ のいずれか} \end{cases}$$

■**解答 4-4**

1 を ↗ と見なし、−1 を ↘ と見なすと、この問題は、第 4 章の《経路問題》と同じになります。

$b_1, b_2, \ldots, b_8$ はすべて 1 か −1 のいずれかであることと、

$$b_1 + b_2 + b_3 + b_4 + b_5 + b_6 + b_7 + b_8 = 0$$

という条件から、$b_1, b_2, \ldots, b_8$ のうち、1 の個数と、−1 の個数は等しくなります。これは ↗ と ↘ の個数が等しいことに相当します。

また、以下の条件は、経路が地中にもぐらないことに相当します。

$$\begin{cases} b_1 \geqq 0 \\ b_1 + b_2 \geqq 0 \\ b_1 + b_2 + b_3 \geqq 0 \\ b_1 + b_2 + b_3 + b_4 \geqq 0 \\ b_1 + b_2 + b_3 + b_4 + b_5 \geqq 0 \\ b_1 + b_2 + b_3 + b_4 + b_5 + b_6 \geqq 0 \\ b_1 + b_2 + b_3 + b_4 + b_5 + b_6 + b_7 \geqq 0 \end{cases}$$

ですから、求める $\langle b_1, b_2, \ldots, b_8 \rangle$ の個数は、$n = 4$ のときの経路数、すなわちカタラン数 C_4 に等しくなります。したがって、求める個数は 14 です。

答 14 個

補足

この条件は、8 人が賛成（+1）か反対（−1）かを 1 人ずつ投票し、途中で反対票が賛成票を上回ることがなく、最後には賛成と反対が引き分けになる条件と解釈することもできます。

●問題 4-5（反射で数える）

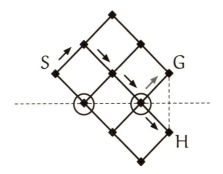

p.189で「僕」が話していた方法を実際に試してみましょう。《Sから地中にもぐってGに到着する経路》すべてを《SからHに到着する経路》に変形してください。

■解答 4-5

以下のように、○を最初に通過した後 ↗ と ↘ を交換します。

298 解答

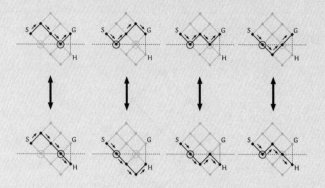

第5章の解答

●**問題 5-1**（単射の個数）

p. 216 に単射の話が出てきました。3 個の要素を持つ集合 $X = \{1, 2, 3\}$ と、4 個の要素を持つ集合 $Y = \{A, B, C, D\}$ を考えます。以下の図では X から Y への単射のうち 2 個を描きました。

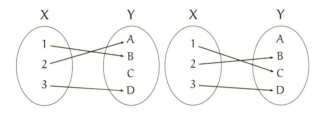

X から Y への単射は全部で何個あるでしょうか。

■**解答 5-1**

集合 X の要素 $1, 2, 3$ をそれぞれ、集合 Y の要素 A, B, C, D のどれに対応させるかを考えます。求めるのは単射の個数なので、対応先の要素がだぶらないように注意します。

- 要素 1 は、A, B, C, D の 4 個のいずれかに対応します。
- そのそれぞれの場合に対して、要素 2 は、要素 1 が対応しな

かった3個の要素いずれかに対応します。
- そのそれぞれの場合に対して、要素3は、要素1と要素2のいずれも対応しなかった2個の要素いずれかに対応します。

したがって、求める単射の個数は、

$$4 \times 3 \times 2 = 24$$

個になります。

答 24個

別解

集合Xには3個の要素があり、集合Yには4個の要素があります。XからYへの単射を決めたとき、Xの要素に対応付けられずに余るYの要素が必ず$4-3=1$個存在します。その要素をyとすると、yの選び方は4通りあります。

集合Yから要素yを除外した集合をY'としたとき、集合Xから集合Yへの単射は、集合Xから集合Y'への全単射を決めることに相当し、その数は要素3個の順列の個数である$3 \times 2 \times 1$個に等しくなります。

したがって、求める単射の個数は、

$$4 \times (3 \times 2 \times 1) = 24$$

個になります。

答 24個

●問題 5-2（全射の個数）

p. 217 に全射の話が出てきました。5 個の要素を持つ集合 X = {1, 2, 3, 4, 5} と、2 個の要素を持つ集合 Y = {A, B} を考えます。以下の図では A から B への全射のうち 2 個を描きました。

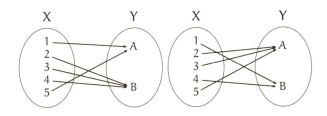

X から Y への全射は全部で何個あるでしょうか。

■解答 5-2

まず、集合 X から集合 Y へのすべての写像の個数を求めます。

集合 X の要素 1 は、集合 B の要素 A か B のどちらかに対応付けられますので、2 通りの場合があります。そのそれぞれに対して、要素 2 も、A か B のどちらかに対応付けられます。集合 X の 5 個の要素について同様に考えて、集合 X から集合 Y へのすべての写像の個数は 2^5 個になります。

この問題で求められているのは全射ですから、

- 集合 X のすべての要素が、A に対応付けられる場合
- 集合 X のすべての要素が、B に対応付けられる場合

という 2 個の写像は除外する必要があります（全射は、もれが

あってはいけないため)。したがって、求める全射の個数は、

$$2^5 - 2 = 30$$

個となります。

答 30 個

別解

求める全射の個数は、集合 X を 2 個の空集合ではない 2 個の部分集合に分け、それぞれに A と B という名前を付ける場合の数に等しくなります。したがって、

$$\begin{Bmatrix} 5 \\ 2 \end{Bmatrix} \times 2 = 15 \times 2 = 30$$

個となります。

答 30 個

●問題 5-3（集合の分割）

n 個の要素を持つ集合を、空集合ではない r 個の部分集合に分割する方法の数 $\left\{ \begin{array}{c} n \\ r \end{array} \right\}$ が本文に出てきました。村木先生のカードに出てきた表よりも一回り大きな表を完成させましょう。

n \ r	1	2	3	4	5	6
1	1	0	0	0	0	0
2	1	1	0	0	0	0
3	1		1	0	0	0
4	1			1	0	0
5	1				1	0
6	1					1

■解答 5-3

以下のようになります。

n \ r	1	2	3	4	5	6
1	1	0	0	0	0	0
2	1	1	0	0	0	0
3	1	3	1	0	0	0
4	1	7	6	1	0	0
5	1	15	25	10	1	0
6	1	31	90	65	15	1

r n	1	2	3	4	5	6
1	1	0	0	0	0	0
2	1	1	0	0	0	0
3	1	3	1	0	0	0
4	1	7	6	1	0	0
5	1	15	25	10	1	0
6	1	31	90	65	15	1

　実際に部分集合を作ってもかまいませんが、大きな数になるととてもたいへんです。第5章の漸化式 (p.249)、

$$\begin{Bmatrix} n \\ r \end{Bmatrix} = \begin{Bmatrix} n-1 \\ r-1 \end{Bmatrix} + r \begin{Bmatrix} n-1 \\ r \end{Bmatrix}$$

を使って、表の各列を上から順に求めていくのが楽です。たとえば、$\begin{Bmatrix} n \\ 2 \end{Bmatrix}$ の列は、

$$\begin{Bmatrix} n \\ 2 \end{Bmatrix} = \underbrace{\begin{Bmatrix} n-1 \\ 1 \end{Bmatrix}}_{\text{左上}} + 2 \times \underbrace{\begin{Bmatrix} n-1 \\ 2 \end{Bmatrix}}_{\text{真上}}$$

を使い、以下のように求められます。

$$\begin{Bmatrix} 2 \\ 2 \end{Bmatrix} = 1$$

$$\begin{Bmatrix} 3 \\ 2 \end{Bmatrix} = 1 + 2 \times 1 = 3$$

$$\begin{Bmatrix} 4 \\ 2 \end{Bmatrix} = 1 + 2 \times 3 = 7$$

$$\begin{Bmatrix} 5 \\ 2 \end{Bmatrix} = 1 + 2 \times 7 = 15$$

$$\begin{Bmatrix} 6 \\ 2 \end{Bmatrix} = 1 + 2 \times 15 = 31$$

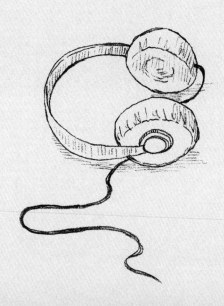

もっと考えたいあなたのために

　本書の数学トークに加わって「もっと考えたい」というあなたのために、研究問題を以下に挙げます。解答は本書に書かれていませんし、たった一つの正解があるとも限りません。
　あなた一人で、あるいはこういう問題を話し合える人たちといっしょに、じっくり考えてみてください。

第1章 レイジースーザンを責めないで

> ●研究問題 1-X1（隣り合わせ）
> n 人が丸テーブルに座るとします（$n \geq 2$）。あらかじめ決めた2人が隣り合わせになる場合の数は何通りありますか。

> ●研究問題 1-X2（まとまって座る）
> n 人が丸テーブルに座るとします（$n \geq 2$）。n 人のうち、あらかじめ決めた k 人（$2 \leq k \leq n$）が、まとまって座る場合の数は何通りありますか。(1) と (2) のそれぞれで考えましょう。
>
> (1) k 人の座る順序は区別せず、まとまって座れればよい場合
> (2) k 人の座る順序を区別して数える場合

●**研究問題 1-X3**（同じ宝石を含むブレスレット）
4個の宝石を使って輪にし、ブレスレットを作ります。ただし、4個のうち2個は同じ宝石として区別しません（つまり、宝石は A, A, B, C の4個とします）。このとき、何種類のブレスレットが作れますか。
注意：すべての種類を実際に描いてみましょう。

●**研究問題 1-X4**（樹形図）
樹形図は場合の数を《もれなく、だぶりなく》考えるのに便利です。それはなぜでしょうか。

第2章 組み合わせで遊ぼう

●**研究問題 2-X1**（順列と組み合わせ）
以下は、5人から2人を選ぶときの《順列》と《組み合わせ》の関係を描いた図です。5人から3人を選ぶときにも、このような図を描くことはできるでしょうか。

5人から2人を選ぶ《順列》

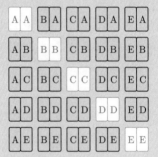

5人から2人を選ぶ《組み合わせ》

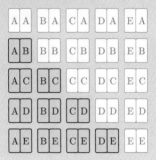

●**研究問題 2-X2**（パスカルの三角形）
第 2 章では、パスカルの三角形で成り立つ数の法則を探していました。あなたも、何かおもしろい法則を探してみましょう。

●**研究問題 2-X3**（組み合わせと重複度）
n 人から r 人を選ぶ組み合わせの数は、

$$\frac{n!}{r!\,(n-r)!}$$

で計算できます。この式に $r!$ および $(n-r)!$ での割り算が出てきますが、これを《重複度で割っている》と見なした場合、どのような重複度を考えていることになるでしょうか。

第3章 ヴェン図のパターン

●**研究問題 3-X1**（ヴェン図と2進数）
第3章では、「僕」とユーリがヴェン図のパターンと2進数を表にしていました（p. 126）。共通部分、和集合、補集合を求めることは、2進数ではどんな計算に対応しているでしょうか。

●**研究問題 3-X2**（等号成立の条件）
第3章の解答3（p. 144）に出てきた以下の不等式で、どんなときに等号が成り立つのかを考えてみましょう。

$$|A| \geqq 0$$
$$|A \cap B| \leqq |A|$$
$$|A \cup B| \geqq |A|$$
$$|A \cup B| \leqq |A| + |B|$$

●**研究問題 3-X3**（一般化）
第3章では、3個の集合 A, B, C の《要素数の関係式》を考えました（p.151）。同様の計算を4個の集合 A, B, C, D で考えてみましょう。さらに、n 個の集合 $A_1, A_2, \ldots, A_n$ でも考えてみましょう。

●**研究問題 3-X4**（部分集合の個数）
集合 A に属する要素を 0 個以上使ってできる集合を、A の **部分集合** と呼びます。たとえば集合 A を、

$$A = \{1, 2, 4, 8\}$$

とした場合、以下はいずれも A の部分集合になります。

$$\{\}$$
$$\{2\}$$
$$\{1, 8\}$$
$$\{1, 2, 4, 8\}$$

では、A の部分集合は全部で何個あるでしょうか。

●**研究問題 3-X5**（規則性の発見）
第 3 章の解答 1（p. 122）に出てきた 16 個のパターンの並びには、規則性があります。どんな規則性でしょうか。

第4章 あなたは誰と手をつなぐ？

●**研究問題 4-X1**（二分木の個数）
以下のような図形を**二分木**と呼びます。上から下りてきた枝は○に出会うたびに左右に枝分かれし、最後に必ず■で終わります。○が n 個あるとき、二分木の個数はカタラン数 C_n になることを証明してください。以下の図は、$n = 3$ のときの二分木を表しています（$C_3 = 5$ 個）。

●**研究問題 4-X2**（金属端子の接続方法）

n 個の金属端子を電線で接続する方法を考えます。以下の図は、$n = 3$ のときの接続方法を表しています（5 通り）。

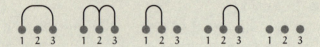

電線は交差させてはいけません。たとえば、$n = 4$ のとき、下図（左）のように電線を交差させたものは、下図（右）のように接続したものと見なします。

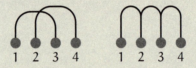

下図のように飛び越すのはかまいません。

このとき、接続方法の数はカタラン数 C_n に等しいことを証明してください。

●**研究問題 4-X3**（握手の並べ方）

エピローグ（p. 261）の最後で少女が考えた順序を使って、問題 4-1（p. 200）に出てきた握手の方法 14 通りを並べてみましょう。

第5章 地図を描く

●**研究問題 5-X1**(漸化式と図示)
集合 $\{1,2,3,4,5\}$ を、3個の空集合ではない部分集合に分ける方法(25通り)を具体的に列挙してください。そのとき、以下の漸化式(p. 249)が成り立っていることがよくわかるように工夫しましょう。

$$\begin{Bmatrix} n \\ r \end{Bmatrix} = \begin{Bmatrix} n-1 \\ r-1 \end{Bmatrix} + r \begin{Bmatrix} n-1 \\ r \end{Bmatrix}$$

●**研究問題 5-X2**(問題の言い換え)
第5章でテトラちゃんは、《問題の言い換え》について考えていました(p. 212)。あなたは《問題の言い換え》とはどんなことだと思いますか。また、《問題の言い換え》の良いところ、悪いところについて自由に考えてみましょう。

あとがき

　こんにちは、結城浩です。

　『数学ガールの秘密ノート／場合の数』をお読みいただきありがとうございます。順列、組み合わせ、円順列、数珠順列、重複順列、カタラン数、そして第2種スターリング数など、いろんな数が登場しました。そして、彼女たちといっしょに場合の数を計算しながら、数学的な構造を楽しみましたね。いかがでしたか。

　本書は、ケイクス（cakes）でのWeb連載「数学ガールの秘密ノート」第61回から第70回までを再編集したものです。本書を読んで「数学ガールの秘密ノート」シリーズに興味を持った方は、ぜひWeb連載もお読みください。

　「数学ガールの秘密ノート」シリーズは、やさしい数学を題材にして、中学生のユーリ、高校生のテトラちゃん、ミルカさん、それに「僕」が楽しい数学トークを繰り広げる物語です。

　同じキャラクタたちが活躍する「数学ガール」シリーズという別のシリーズもあります。こちらは、より幅広い数学にチャレンジする数学青春物語です。ぜひこちらのシリーズにも手を伸ばしてみてください。なお、出版社Bento Booksから両シリーズの英語版も刊行されています。

　「数学ガールの秘密ノート」と「数学ガール」の二つのシリーズ、どちらも応援してくださいね。

本書は、LaTeX 2_ε と Euler フォント (AMS Euler) を使って組版しました。組版では、奥村晴彦先生の『LaTeX 2_ε 美文書作成入門』に助けられました。感謝します。図版は、OmniGraffle と TikZ パッケージを使って作成しました。感謝します。

　執筆途中の原稿を読み、貴重なコメントを送ってくださった、以下の方々と匿名の方々に感謝します。当然ながら、本書中に残っている誤りはすべて筆者によるものであり、以下の方々に責任はありません。

浅見悠太さん、五十嵐龍也さん、井川悠祐さん、
石宇哲也さん、稲葉一浩さん、岩脇修冴さん、上杉直矢さん、
上原隆平さん、植松弥公さん、内田大暉さん、内田陽一さん、
大西健登さん、鏡弘道さん、喜入正浩さん、北川巧さん、
菊池なつみさん、木村巌さん、工藤淳さん、毛塚和宏さん、
伊達（坂口）亜希子さん、伊達誠司さん、田中克佳さん、
谷口亜紳さん、原いづみさん、藤田博司さん、古屋映実さん、
洞龍弥さん、梵天ゆとりさん（メダカカレッジ）、
前原正英さん、増田菜美さん、松浦篤史さん、三澤颯大さん、
三宅喜義さん、村井建さん、村岡佑輔さん、山田泰樹さん、
山本良太さん、米内貴志さん。

　「数学ガールの秘密ノート」と「数学ガール」の両シリーズをずっと編集してくださっている、SB クリエイティブの野沢喜美男編集長に感謝します。

　ケイクスの加藤貞顕さんに感謝します。

　執筆を応援してくださっているみなさんに感謝します。

　最愛の妻と 2 人の息子に感謝します。

本書を最後まで読んでくださり、ありがとうございます。
では、次回の『数学ガールの秘密ノート』でお会いしましょう！

2016 年 4 月
結城 浩
http://www.hyuki.com/girl/

索引

欧文・数字

2 進数 126
Euler フォント 320

ア

暗記 11
『いかにして問題をとくか』 12, 210
一般化 49
一般的 246
ヴェン図 100
円順列 20
王様 15, 92, 247
多くとも 223

カ

階乗 51, 93
《数を数える》 59
カタラン数 181
かつ 99
帰着 21, 176, 207
共通部分 102, 137
空集合 120
具体的 12, 246
区別 220

組み合わせ 43, 46, 93
組み合わせ論的解釈 92, 244, 256
《結果を振り返る》 166
《構造を見抜く》 33, 219, 242
《こうだったらいいのになあ》 14

サ

サイクリック 152
自問自答 12
重複 221
重複度 36–38
樹形図 19
数珠順列 27, 33
順列 16, 46, 93
証明 70
少なくとも 222
《図を描く》 13, 31
漸化式 179, 246
全射 217
全体集合 109
全単射 218

タ

対応 213
対称公式 57

たかだか 223
単射 216
《小さい数で試す》 168
抽象的 12
テトラちゃん iv

ナ

《名前を付ける》 13, 160, 177
《似ている問題を知っているか》 16, 210
二分木 315

ハ

場合分け 162
パスカルの三角形 62
《変数の導入による一般化》 49, 164, 167, 169
包含関係 100
包除原理 140
僕 iv
補集合 109, 139

マ

交わり 102, 137
または 105
瑞谷女史 iv
ミルカさん iv
結び 105, 138
《もれなく、だぶりなく》 20, 166, 215
《問題の言い換え》 184, 212, 318

ヤ

ユーリ iv
要素数 140

ラ

レイジースーザン 3
《例示は理解の試金石》 12, 227

ワ

和集合 105, 138

●結城浩の著作

『C言語プログラミングのエッセンス』，ソフトバンク，1993（新版：1996）
『C言語プログラミングレッスン　入門編』，ソフトバンク，1994
　　（改訂第2版：1998）
『C言語プログラミングレッスン　文法編』，ソフトバンク，1995
『Perlで作るCGI入門　基礎編』，ソフトバンクパブリッシング，1998
『Perlで作るCGI入門　応用編』，ソフトバンクパブリッシング，1998
『Java言語プログラミングレッスン（上）（下）』，
　　ソフトバンクパブリッシング，1999（改訂版：2003）
『Perl言語プログラミングレッスン　入門編』，
　　ソフトバンクパブリッシング，2001
『Java言語で学ぶデザインパターン入門』，
　　ソフトバンクパブリッシング，2001（増補改訂版：2004）
『Java言語で学ぶデザインパターン入門　マルチスレッド編』，
　　ソフトバンクパブリッシング，2002
『結城浩のPerlクイズ』，ソフトバンクパブリッシング，2002
『暗号技術入門』，ソフトバンクパブリッシング，2003
『結城浩のWiki入門』，インプレス，2004
『プログラマの数学』，ソフトバンクパブリッシング，2005
『改訂第2版 Java言語プログラミングレッスン（上）（下）』，
　　ソフトバンククリエイティブ，2005
『増補改訂版 Java言語で学ぶデザインパターン入門　マルチスレッド編』，
　　ソフトバンククリエイティブ，2006
『新版C言語プログラミングレッスン　入門編』，
　　ソフトバンククリエイティブ，2006
『新版C言語プログラミングレッスン　文法編』，
　　ソフトバンククリエイティブ，2006
『新版Perl言語プログラミングレッスン　入門編』，
　　ソフトバンククリエイティブ，2006
『Java言語で学ぶリファクタリング入門』，
　　ソフトバンククリエイティブ，2007
『数学ガール』，ソフトバンククリエイティブ，2007
『数学ガール／フェルマーの最終定理』，ソフトバンククリエイティブ，2008
『新版暗号技術入門』，ソフトバンククリエイティブ，2008

『数学ガール／ゲーデルの不完全性定理』,
　　ソフトバンククリエイティブ,2009
『数学ガール／乱択アルゴリズム』,ソフトバンククリエイティブ,2011
『数学ガール／ガロア理論』,ソフトバンククリエイティブ,2012
『Java言語プログラミングレッスン　第3版（上・下）』,
　　ソフトバンククリエイティブ,2012
『数学文章作法　基礎編』,筑摩書房,2013
『数学ガールの秘密ノート／式とグラフ』,
　　ソフトバンククリエイティブ,2013
『数学ガールの誕生』,ソフトバンククリエイティブ,2013
『数学ガールの秘密ノート／整数で遊ぼう』,SBクリエイティブ,2013
『数学ガールの秘密ノート／丸い三角関数』,SBクリエイティブ,2014
『数学ガールの秘密ノート／数列の広場』,SBクリエイティブ,2014
『数学文章作法　推敲編』,筑摩書房,2014
『数学ガールの秘密ノート／微分を追いかけて』,SBクリエイティブ,2015
『暗号技術入門　第3版』,SBクリエイティブ,2015
『数学ガールの秘密ノート／ベクトルの真実』,SBクリエイティブ,2015
『数学ガールの秘密ノート／やさしい統計』,SBクリエイティブ,2016
『数学ガールの秘密ノート／積分を見つめて』,SBクリエイティブ,2017
『プログラマの数学　第2版』,SBクリエイティブ,2018

数学ガールの秘密ノート／場合の数

2016年4月27日　初版発行
2018年1月25日　第2刷発行

著　者：結城　浩
発行者：小川　淳
発行所：SBクリエイティブ株式会社
　　　　〒106-0032　東京都港区六本木2-4-5
　　　　　　営業　03(5549)1201
　　　　　　編集　03(5549)1234
印　刷：株式会社リーブルテック
装　丁：米谷テツヤ
カバー・本文イラスト：たなか鮎子

落丁本，乱丁本は小社営業部にてお取り替え致します。
定価はカバーに記載されています。

Printed in Japan　　　　　　　　　　　ISBN978-4-7973-8711-7